职业院校计算机应用专业课程改革成果教材

二维动画制作——Flash CS5

Erwei Donghua Zhizuo——Flash CS5

主　编　杨　慧

副主编　陈香梅　何创宏

高等教育出版社·北京

HIGHER EDUCATION PRESS　BEIJING

内容提要

    本书是职业院校计算机应用专业课程改革成果教材，参照广东省"中等职业学校计算机应用专业教学指导方案"编写而成。本书不同于传统的学科体系，统筹考虑知识目标、技能目标、情感目标，特别是精心设计技能训练内容，着重培养学生独立思考问题和主动解决问题的能力，突出职业教育的特色。

    本书以活动为中心，以任务为模块组织各单元内容，每个任务都以一个实例为线索，设有"任务描述"、"学习目标"、"分析与设计"、"操作步骤"、"总结提升"等环节，采用任务引领的教学方式，以动画创作为主线，将知识内容及技能要求贯穿于全书，叙述简洁、流畅，结合中职学生选择案例，案例设计简单、实用，选题独到。

    本书的主要内容有：走近 Flash CS5，Flash CS5 绘图工具应用，基本动画/元件、实例和库，复杂动画制作，Flash CS5 中的文本应用，ActionScript 动画编程，声音的导入和处理，组件及其应用，综合应用实例，Flash 动画的测试、优化、导出与发布。

    本书配套学习卡资源，使用本书封底所赠的学习卡，登录 http://sve.hep.com.cn，可获得相关资源。

    本书适合作为职业院校的教材，也可作为各类培训班的教学用书，还可供动画设计人员参考。

图书在版编目（CIP）数据

二维动画制作：Flash CS5/ 杨慧主编. —北京：高等教育出版社，2011.8

ISBN 978−7−04−032915−5

Ⅰ．①二… Ⅱ．①杨… Ⅲ．①动画制作软件，Flash CS5 −中等专业学校−教材 Ⅳ．① TP391.41

中国版本图书馆 CIP 数据核字（2011）第 144482 号

策划编辑	俞丽莎	责任编辑 俞丽莎	封面设计 张　志	版式设计	马敬茹
责任校对	胡晓琪	责任印制 韩　刚			

出版发行	高等教育出版社	咨询电话	400-810-0598
社　　址	北京市西城区德外大街 4 号	网　址	http://www.hep.edu.cn
邮政编码	100120		http://www.hep.com.cn
印　　刷	北京鑫丰华彩印有限公司	网上订购	http://www.landraco.com
开　　本	787mm×1092mm　1/16		http://www.landraco.com.cn
印　　张	17.25	版　次	2011 年 8 月第 1 版
字　　数	420 千字	印　次	2011 年 8 月第 1 次印刷
购书热线	010-58581118	定　价	28.70 元

前　言

本书根据广东省"中等职业学校计算机应用专业教学指导方案"编写而成。

Flash 是美国 Macromedia 公司发布的一款专用于制作网页动画的优秀软件。它经历了 Flash 2.0、Flash 3.0、Flash 4.0、Flash 5.0、Flash MX、Flash 8.0 不同时期。从 2006 年开始，Macromedia 公司被 Adobe 公司收购，随后，Adobe 公司陆续推出全新的 Flash CS3、Flash CS4，经过了 Flash CS4 版本后，2010 年 4 月 12 日，Adobe 公司又推出了 Flash 的全新版本 CS5。新版本中增加了更多实用的功能，并对一些时下流行的软件提供了支持。

Flash 动画文件具有体积小、制作简单、动画效果好、交互功能强等优点，能够满足网络高速传输的需要。运用 Flash，可以将音乐、声效、动画以及富有新意的界面融合在一起，以制作出高品质的动画。它广泛应用于网络互动和多媒体创作、动漫、游戏制作等领域，涉及电影、电视、移动媒体、教学、MTV 音乐电视等多方面。

本书由来自教学一线、具有丰富经验的中职教师和技术人员编写，全书共分 10 个单元，系统全面地介绍了 Flash CS5 的使用方法；在内容安排上以活动为框架，采用当前提倡的任务驱动模式，每一个任务开始先以"任务描述"叙述具体实例，提出"学习目标"，然后给出详细"操作步骤"；最具特色的是在操作之前通过"分析与设计"，理清学生设计思路及操作要点，任务完成后用"总结提升"环节使学生能够举一反三，掌握操作技巧，提高分析问题、解决问题的能力；任务实例设计注重结合中职学生的特点，融合知识目标、情感目标、技能目标，充分体现职业教育的特点。在每一个任务之后，综合相关知识与技能引入案例，进一步巩固所学的知识与技能，形成由浅入深、循序渐进的学习过程。

各教学环节学时分配表如下：

各教学环节学时分配

教学时数　　　　　教学环节　　　教学内容	讲课	实训	集中实训	合计
单元 1　走近 Flash CS5	2	2		4
单元 2　Flash CS5 绘图工具应用	4	6		10
单元 3　基本动画/元件、实例和库	6	8		14
单元 4　复杂动画制作	6	10		16
单元 5　Flash CS5 中的文本应用	4	4		8
单元 6　ActionScript 动画编程	6	6		12

续表

教学时数　　　　　教学环节　教学内容	讲课	实训	集中实训	合计
单元 7　声音的导入和处理	4	4		8
单元 8　组件及其应用	4	6		10
单元 9　综合应用实例	4	12	24	40
单元 10　Flash 动画的测试、优化、导出与发布	2	2		4
复习	2	4		6
考试		2		2
合计	44	66		134

　　注：按周学时为 6、学期教学周数为 17 周计算，总学时为 102 学时，包括集中实训 24 学时、复习考试学时 8 学时，总学时为 134 学时。

　　本书由中山市中等专业学校杨慧任主编并统稿，陈香梅、何创宏任副主编，朱海鑫、江涛参编，其中单元 1、9 由杨慧编写，单元 4、10 由珠海理工学校陈香梅编写，单元 7、8 由南海信息技术学校何创宏编写，单元 3、5 由中山市中等专业学校江涛编写，单元 2、6 由中山市中等专业学校朱海鑫编写。在编写过程中，中山市中等专业学校莫冬敏、朱国艺提供了单元 1、9 的文字初稿及任务素材、实例设计，珠海理工学校高靖雯提供了单元 10 的文字初稿及任务素材、实例设计，中山市中等专业学校夏耀辉也对单元 9 的素材提供了大力支持。本书由广东省轻工职业技术学院李洛教授审稿。在编写过程中得到了以上老师所在学校领导和相关行业企业的大力支持，在此一并致以衷心的感谢。

　　本书有配套学习卡网络资源，按照本书最后一页"郑重声明"下方的学习卡账号使用说明，登录 http://sve.hep.com.cn，可上网学习，下载资源。

　　由于时间仓促，加上作者的水平有限，书中难免存在疏漏之处，恳请广大读者给予批评指正。

　　编者联系方式：zsy6196@qq.com。

编者

2011 年 6 月

目 录

单元 1

走近 Flash CS5

Flash 是一款用于矢量动画制作和多媒体设计的软件，自产生之日起就表现出非凡的生命力，吸引了越来越多的使用者。Flash 发展至今，功能日益强大，应用日益广泛。

任务 1.1.1　初识 Flash 软件

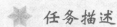

任务描述

叙述 Flash 的由来、发展历程及特点。

学习目标

（1）简要了解 Flash 及其发展历程。

（2）了解 Flash 的特点。

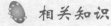

相关知识

1. Flash 简介

Flash 从 FutureSplash 变身而来，1996 年被 Macromedia 公司收购并直接更名为 Flash 2.0，随着网络技术的飞速发展，Flash 成为因特网中必不可少的一道绚丽风景。

Flash 是一款多媒体矢量动画制作软件，可用于交互式动画设计。在网络盛行的今天，Flash 已经成为一个新的专有名词，并成为交互式矢量动画的标准，成为风靡全球的视觉媒介。用它可以将音乐、声效、动画以及富有新意的界面融合在一起以制作出高品质的动画。它广泛应用于网络互动和多媒体创作、动漫、游戏制作等领域，涉及电影、电视、移动媒体、教学、MTV 音乐电视等多方面，Flash 借助这些媒体已经深入人心。

Flash 在 Macromedia 公司经历了 Flash 2.0、Flash 3.0、Flash 4.0、Flash 5.0、Flash MX、Flash 8.0 不同时期，从 2006 年开始，Macromedia 公司被 Adobe 公司收购，随后，Adobe 公司陆续推出全新的 Flash CS3、Flash CS4，2010 年 4 月 12 日，Adobe 公司推出了 Flash 的全新版本 CS5，该

版本中增加了更多实用的功能,并对一些时下流行的软件提供了支持。

2．Flash 的特点

Flash 之所以能风靡全球,和它自身鲜明的特点是分不开的。Flash 所展现的特征和功能,奠定了它在网络交互式动画上不可动摇的霸主地位。Flash 动画的特点主要有以下几个方面:

(1) 文件容量小。Flash 动画中主要使用的是矢量,可以随意缩小和放大,不会影响画面质量。生成的 Flash 动画文件容量小、效果好、对网络带宽要求低。

(2) 网络传播能力强。

Flash 动画文件容量小,传输速度快,可以放在网上供用户欣赏和下载,另外,其采用的流式播放技术,可以使用户以边看边下载的模式欣赏动画,从而大大减少了下载等待时间。

(3) 交互性强。

Flash 的交互功能使得观众不仅能够欣赏动画,还可以参与其中,借助鼠标触发交互功能,从而实现人机交互。这一特点是传统动画所无法比拟的。

(4) 节省成本。

使用 Flash 制作动画,成本低、效率高。可以大大减少人力、物力资源的消耗,也极大地缩短制作时间。

(5) 适用范围广。

它可以应用于 MTV、小游戏、网页、幽默小品、情景剧和多媒体课件等领域。

Flash 动画不仅可以在网络上传播,同时也可以用于电视、电影、移动媒体(如手机)等,大大拓宽了它的应用领域。

(6) 更具特色的视觉效果。

Flash 动画有着更新颖的视觉效果,比传统动画更加亲近观众。Flash 已经逐渐成为一种新兴的艺术表现形式。

任务 1.1.2　认识 Flash 动画

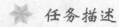 **任务描述**

在网络中寻找 Flash 动画。

学习目标

初步认识网络中的 Flash 动画。

相关知识

随着计算机网络技术的发展,网络已经成为人们工作生活中重要的一部分,展现出一个丰富多彩的虚拟世界。Flash 的出现和发展,为网络世界增添了许多靓丽的风景线,创造了一个缤纷动感的世界，包括绚丽的广告、个性化的网站页面、幽默的动画短片、精彩的音乐 MV、有趣的小游戏等。打开网络，可以轻易看到这些 Flash 动画在眼前跳动。如图 1-1、图 1-2 所示。

图 1-1　新浪主页中的广告条

图 1-2　iPhone 页面中的 Flash 广告

技能训练

打开网络，尝试在其中寻找一些 Flash 作品，并将其下载并保存到"Flash 作品"文件夹中。

任务 1.1.3　了解 Flash 的用途

任务描述

通过举例说明 Flash 的主要用途。

学习目标

了解 Flash 的用途。

相关知识

经过多年的发展，Flash 软件在不断地升级，功能得到不断地增强，已经广泛地应用于各种领域。下面介绍 Flash 的主要应用。

1．动画短片

目前，Flash 动画短片在网络上非常流行，这是广大 Flash 爱好者最热衷的一个应用领域，是 Flash 爱好者展现自我的平台，有些爱好者甚至将一些反应社会现象的事例，用 Flash 动画深刻又幽默地表达出来。一些流行的动画短片如小破孩、大话西游、流氓兔等。分别如图 1-3、图 1-4 和图 1-5 所示。

图 1-3　小破孩　　　　　图 1-4　大话西游　　　　　图 1-5　流氓兔

2．Flash 网站

Flash 不仅仅是一种动画制作工具，它同时也是一种功能强大的网站设计工具，采用 Flash 制作的网站，能更好地吸引人们的注意，特别是化妆品、汽车、酒、数码、设计创意等以品牌或创意为导向的公司，可通过 Flash 动画来渲染网站的视觉效果，更好地展示公司产品的独特魅力。另外，Flash 可以制作出具有交互功能的网站，页面能根据用户的需求做出不同的响应。如图 1-6、图 1-7 所示。"Mono"怪脸网站是一个有趣和简单的 Flash 网站，如图 1-8 所示，用户只需要动动鼠标就可以改变网站内头像的搞怪脸，据说拥有 75 万多种怪脸风格。繁忙的工作之余，点开来对着不同的怪脸放松心情，是一件不错的事情。

图 1-6　米罗斯红酒网站（http://www.miros-china.com/）

图 1-7　欧莱雅化妆品网站（http://www.feel8.com.cn/customers/oly/）

图 1-8 "Mono"怪脸网站（http://www.mono-1.com/monoface/main.html）

3．网络广告

Flash 广告是当前网络中应用最多、最流行的广告形式，甚至有些电视广告也采用 Flash 来设计制作。Flash 体积小但效果好，跨媒体性强，制作、改动成本低，视觉冲击力强，更具亲和力和交互性等优势，迅速地获得人们的青睐，因此越来越多的企业都试图使用 Flash 动画广告来获得较好的宣传效果，如图 1-9 和图 1-10 所示。

4．音乐 MV

以 Flash 动画方式来演绎音乐，更节约成本，更具表现力，效果更好，如图 1-11 所示。

5．电子贺卡

Flash 可以将画面、文字、音乐美妙地融合在一起，在某个特殊的日子里，可以利用 Flash 为亲朋好友制作一张电子贺卡，送上最诚挚的祝福，如图 1-12 所示。

图 1-9　大众汽车广告

图 1-10　夏普智能手机广告

图 1-11　白狐音乐 MV

图 1-12　生日电子贺卡

6. 电子杂志

电子杂志是一种网络世界中的"书",以书页的形式将文字、图片、音频视频聚集在一起,生动、丰富地展示给读者。当前,以 Flash 为主要载体的电子杂志成为网络时代新兴的媒体形式,迅速地成为新时尚,呈现出强劲的发展势头,如图 1-13 和图 1-14 所示。

图 1-13　电子杂志 1

图 1-14　电子杂志 2

7. 网络游戏

Flash 游戏的制作得益于 Flash 拥有较强的 ActionScript 动态脚本编程语言,配合 Flash 的交互功能,使得有趣、好玩的游戏流行于网络和手机,如图 1-15 和图 1-16 所示。

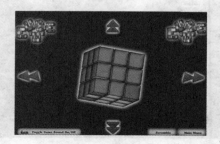

图 1-15　"愤怒的小鸟"小游戏　　　　　图 1-16　"魔方"小游戏

8．教学课件

随着教育信息化的发展，Flash 凭借着其强大的媒体支持功能和丰富的表现手段，在教学方面展现了它的风姿。结合先进的课程教学设计理念，充分运用 Flash 的多媒体技术手段，根据教学内容和教学对象，将文本、图像、音／视频等多种信息组合，进行个性化、较强交互功能的教学课件设计，更好地向师生传递教学信息，以达到最佳的课堂教学效果，如图 1-17 所示。

 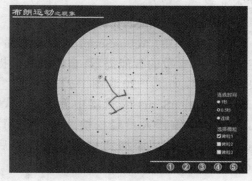

图 1-17　教学课件

技能训练

在网络中寻找本节所介绍的不同用途的 Flash 作品，下载并保存在"Flash 作品"文件夹中。

活动 1.2　Flash CS5 新增功能介绍

活动描述

列出 Flash CS5 的新增功能。

学习目标

了解 Flash CS5 的新增功能。

相关知识

1．全新的文字引擎

Flash CS5 提供了全新的文本框架结构（Text Layout Framework，TLF）。TLF 文本是 Flash CS5 中的默认文本类型，文本面板中格式更加丰富，功能也更加的完善。TLF 支持非常丰富的文本布局功能，支持对文本属性的精细控制。TLF 有三种主要特征：针对亚洲字体特点设计的从左到右的排版方式、丰富的排版细节控制、方便的多栏排版和跨文本框自动排版,如图 1-18 和图 1-19 所示。

与传统文本相比,TLF 文本提供了更多字符样式,更多段落样式,控制更多亚洲字体属性,可以为 TLF 文本应用 3D 旋转、色彩效果以及混合模式等属性,而无须将 TLF 文本放置在影片剪辑元件中,文本可按顺序排列在多个文本容器中,能够针对阿拉伯语和希伯来语文字创建从右到左的文本,同时支持双向文本,其中从右到左的文本可包含从左到右的文本元素。

2. 增强的 ActionScript 编辑器

Flash CS5 中的 ActionScript 编辑器增强了代码提示功能,包括自定义变量或对象的提示、自定义函数和参数的智能提示、自定义类的提示等。借助经过改进的 ActionScript 编辑器可以加快开发流程,如图 1-20 和图 1-21 所示。

另外,ActionScript 编辑器中新增了"代码片断"面板,如图 1-22 所示。"代码片断"面板可以帮助非编程人员轻松快速地使用简单的 ActionScript 3.0。借助该面板,用户可以将 ActionScript 3.0 代码添加到 FLA 文件中以启用常用功能。使用"代码片断"面板不需要学会 ActionScript 3.0。

图 1-18　TLF 文本属性面板

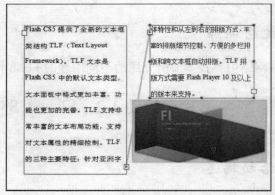

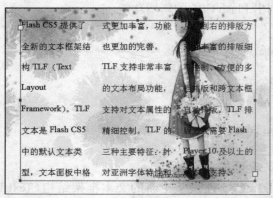

图 1-19　跨文本框自动排版和多栏排版

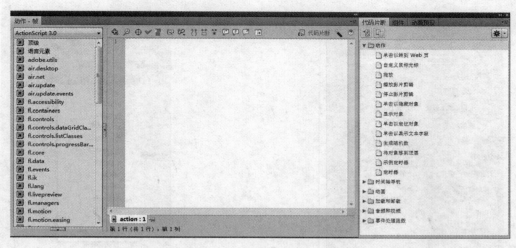

图 1-20 ActionScript 编辑器

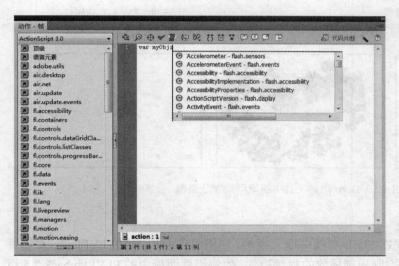

图 1-21 增强的代码提示

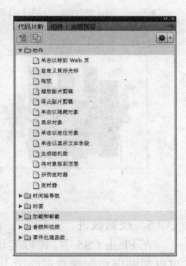

图 1-22 代码片段

3. 骨骼工具大幅改进

Flash CS5 中的骨骼工具新增了弹簧和阻尼特效,在图 1-23 所示的骨骼工具属性中可以看到"弹簧"项,启用"弹簧"项,改变其中的弹簧强度,可以产生类似弹簧的运动效果,另外通过添加阻尼值来控制震动衰减度。因此,借助为骨骼工具中新增的弹簧动画属性可以创建出更逼真的反向运动效果。

4. Deco 绘制工具

如图 1-24 和图 1-25 所示,Deco 图案绘制工具中新添了一些有趣的特效笔刷工具,为动画创作添加更多的乐趣。如三维空间效果笔刷、静态图案效果笔刷(花、树、建筑物、装饰图案等)、含动画的动态效果笔刷(火焰动画、闪电等),用户可以方便地使用 Deco 工具中的笔刷来绘制漂亮的静态图案,或创建一些常用的动态效果。

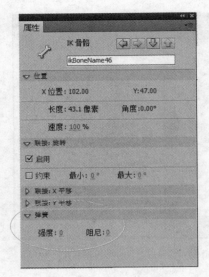

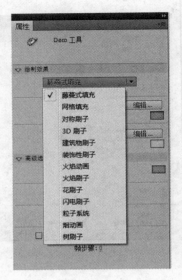

图 1-23　骨骼工具属性　　　　　　　　　图 1-24　Deco 工具属性

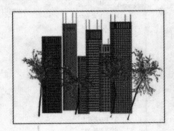

图 1-25　Deco 图案工具中的笔刷绘制效果图

5．视频改进

在 Flash CS5 中，可以实现在 Flash 文档中嵌入视频，使用组件面板中的 FLVPlayback 组件可以帮助用户创建直观的用于控制视频播放的视频控件，如将组件面板中的 FLVPlayback 2.5 组件托放到舞台中，然后在其中嵌入视频，即可在舞台中自如地预览和控制视频，如图 1-26、图 1-27 和图 1-28 所示。此外，视频对象属性中增添提示点属性，使用视频提示点，用户可以通过编写简易的 ActionScript 来实现在视频中的特定时间触发另一事件的功能。

6．基于 XML 的 FLA 源文件

XML（eXtensible Markup Language，可扩展标记语言），是一种用来结构化文件信息的标记语言。在 Flash CS5 中，XFL 格式是 Flash 项目的默认保存格式之一。XFL 格式是 XML 结构。从本质上讲，它是一个集所有素材及项目文件，包括 XML 元数据信息为一体的压缩包。它也可以作为一个未压缩的目录结构单独访问其中的单个元素使用。用户可以选择使用未压缩的 XFL 格式来保存 Flash 文件，可以查看组成 Flash 文件的每个独立部分或子文件。借助未压缩的 XFL 格式，不同的人员可以单独使用 Flash 文件的各个部分。可以使用源控制系统管理对未压缩的 XFL 文件中的每个子文件所做的更改。因此，基于 XML 的 FLA 文件格式，可以帮助设

计团队轻松地实现项目协作，提供更高效、更高质量的工作流程。另外，以 XFL 格式存储，也更有利于实现 Adobe CS5 系列软件的无缝连接和整合，支持与其他 Adobe 应用程序实现更好的数据交换。

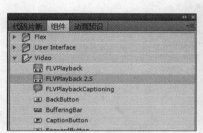

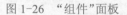

图 1-26 "组件"面板　　　　图 1-27 舞台中的视频　　　　图 1-28 视频对象的属性面板

7. 与 Flash Builder 完美整合

Flash CS5 可以和 Flash Builder（即最新版本的 Flex Builder）协作来完成项目。可以将 Flash Builder 作为专业的 Flash Actionscript 编辑器，在 Flash Builder 中完成 Actionscript 的编码，从而提高内容的测试、调试和发布的效率。

8. 增强的 Creative Suite 集成

Flash CS5 增强了与 Creative Suite 5（CS5）系列软件，即 Photoshop CS5、Illustrator CS5、InDesign CS5、After Effects CS5 、Flash Catalyst CS5、 Flash Builder 4 等的整合沟通功能，无须编写代码，就可以完成互动项目。

9. 支持 iPhone 应用开发

Flash Professional CS5 包括允许 Flash 文件作为 iPhone 应用程序部署的 Packager for iPhone（Adobe 针对 iPhone 开发的程序包）。通过使用 Flash CS5 软件，可以将 SWF 内容包装成为 IPA 格式（即 iPhone 的应用格式），这种格式完全符合苹果规范，所以可以应用于 iPhone 手机领域。

活动 1.3　熟悉 Flash CS5 的基本结构

初次启动 Flash 程序时，会自动进入开始页，执行"开始"→"程序"→"Adobe Flash Professional CS5"命令，启动 Flash CS5 程序。如图 1-29 所示。

"从模板创建"：此区域列出了 Flash 常用的模板类型，单击列表中所需的模板，可创建新文件。

"打开最近的项目"：用于打开最近操作过的文档。单击最近项目下列表中的文件名或单击"打开"图标，弹出"打开"对话框，选择要打开文件。

图 1-29　开始页

"新建"：此区域列出了 Flash 可以创建的文件类型，单击列表中所需的文件类型，即可快速新建文件。

"学习"：此区域链接到 Adobe 官方网站中 Flash Learn 站点，可以帮助初学者快速了解 Flash CS5 的相关知识。

"扩展"：此区域链接到 Adobe 官方网站中 Flash Exchange 站点，在该站点中可以下载 Flash 辅助应用程序、扩展功能以及相关信息。

此外，开始页还提供了快速入门、新增功能、开发人员、设计人员等相关资料的快速访问区域。

在使用 Flash CS5 的过程中，用户可根据需要隐藏和再次显示"欢迎屏幕"（即开始页）。

① 在开始页上，选中 □ 不再显示 复选框，下次启动时则不再显示"欢迎屏幕"，直接进入 Flash 的操作界面。

② 需要再次显示开始页，单击 Flash CS5 工作窗口菜单栏中"编辑"→"首选参数"命令，在弹出的"首选参数"对话框的"常规"类别中，单击"启动时"下拉列表，在其中选择"欢迎屏幕"选项，如图 1-30 所示，单击"确定"按钮，则下次启动时将再次显示开始页。

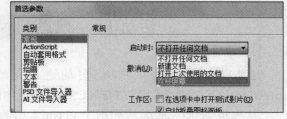

图 1-30　设置显示开始页

任务 1.3.1　熟悉 Flash CS5 的操作界面

任务描述

熟悉 Flash CS5 的操作界面,描述各部分的作用。

学习目标

(1) 了解 Flash CS5 的操作界面。
(2) 熟悉 Flash CS5 中菜单栏、工具箱、时间轴、舞台、浮动面板等模块。

相关知识

启动 Flash CS5 后,首先需要熟悉其工作界面,为以后的学习打下坚实的基础。Flash CS5 的工作界面由菜单栏、工具箱、时间轴、舞台、浮动面板和属性面板等几部分组成,如图 1-31 所示。

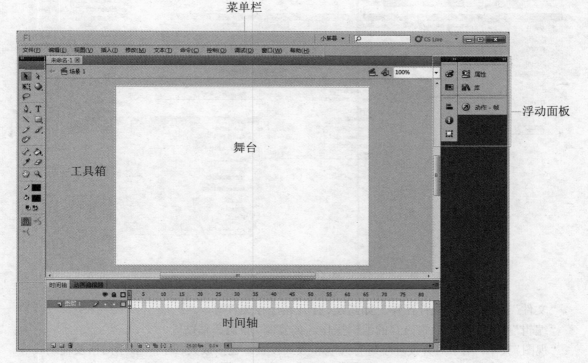

图 1-31　Flash CS5 工作界面

1. 菜单栏

Flash CS5 的菜单栏中包括"文件"、"编辑"、"视图"、"插入"、"修改"、"文本"、"命令"、"控制"、"调试"、"窗口"和"帮助"共 11 个下拉菜单，用于执行 Flash CS5 中常用命令的操作，用户可以根据需要，选择相应菜单下的命令。Flash CS5 菜单栏如图 1-32 所示。

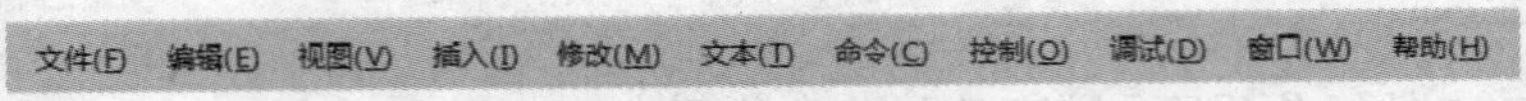

图 1-32　Flash CS5 菜单栏

Flash CS5 各项菜单界面如图 1-33 所示。

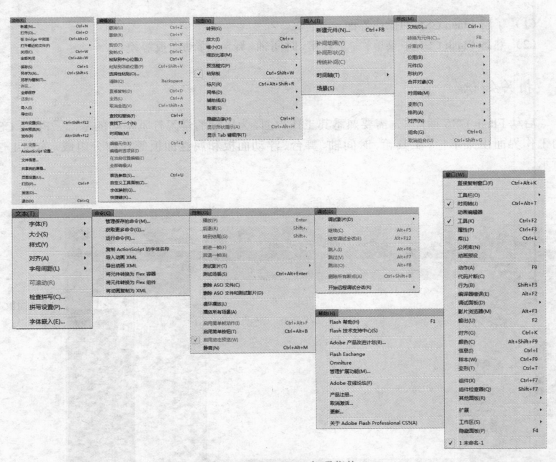

图 1-33　Flash CS5 各项菜单

"文件"菜单：用于文件操作。如新建、打开和保存文件等。

"编辑"菜单：用于动画内容的编辑操作。如复制、剪切和粘贴等。

"视图"菜单：用于对开发环境进行外观和版式设置。包括放大、缩小、显示网格及辅助线等。

"插入"菜单：用于插入性质的操作。如新建元件、插入场景和图层等。

"修改"菜单：用于修改动画中的对象、场景甚至动画本身的特性。主要用于修改动画中各种对象的属性,如帧、图层、场景以及动画本身等。

"文本"菜单:用于对文本的属性进行设置。

"命令"菜单:用于对命令进行管理。

"控制"菜单:用于对动画进行播放、控制和测试。

"调试"菜单:用于对动画进行调试。

"窗口"菜单:用于打开、关闭、组织和切换各种窗口面板。

"帮助"菜单:用于快速获得帮助信息。

2.工具箱

默认情况下,工具箱位于界面的左侧,主要由工具、查看、颜色和选项四部分组成,下面初步认识各个工具的名称,详细的学习将在后续单元中展开,如图 1-34 所示。

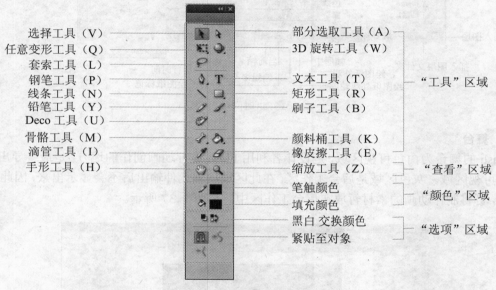

图 1-34 工具箱

3.主工具栏

默认状态下的工作界面没有主工具栏,需要执行"窗口"→"工具栏"→"主工具栏"命令,打开主工具栏,如图 1-35 所示。

图 1-35 主工具栏

4．时间轴

"时间轴"由帧与图层组成，左侧为图层区，右侧为时间轴控制区。它是 Flash 工作界面中非常重要的部分，是制作丰富的 Flash 动画的核心，用于创建动画和控制动画的播放等操作。时间轴上的每一个小格称为帧，是 Flash 动画的最小时间单位，"时间轴"的界面如图 1-36 所示。

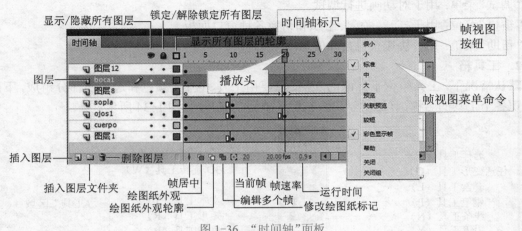

图 1-36 "时间轴"面板

5．舞台

Flash 的舞台为白色可视区域，是设计者利用 Flash 进行动画创作的地方，是最终导出 Flash 影片的可视区域。灰色区域是后台工作区，在此区域放置元件输出后不会显示出来，因此，制作动画时，可将制作动画的素材暂放在后台工作区中。如图 1-37 所示。

图 1-37 舞台

6．浮动面板组

浮动面板组由各种不同功能的面板组成，通过面板中的选项卡可实现多个面板的快速切换，或单击"窗口"菜单中的相关选项，显示或隐藏相应的面板。面板组中主要包括有"属性"面板、"库"面板、"颜色"面板、"对齐"面板、"动作"面板等，具体如图 1-38 所示。

"属性"面板默认状态是显示场景的属性,当选择场景中某个对象时,将会显示该对象的属性。属性面板的选项会随着选择对象的不同而改变。如图 1-39 所示,分别选择场景、图形和文本的属性面板。

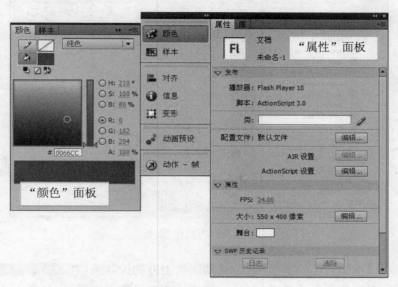

图 1-38　浮动面板组

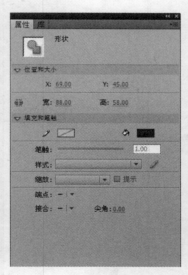
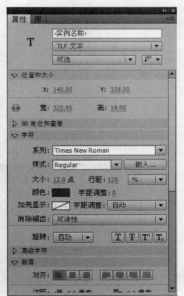

图 1-39　不同对象的属性面板

在 Flash 中,要创建丰富的交互式动画依赖于较强的 ActionScript 动态脚本编程语言。Flash 中的"动作"面板则是 ActionScript 编辑器,它提供了许多命令,用来创建交互式动画。"动作"

面板由两部分组成，如图 1-40 所示。左侧部分是动作工具箱，每个动作脚本语言元素在该工具箱中都有一个对应的条目。右侧部分是动作脚本编辑窗口，这是编辑代码的区域。

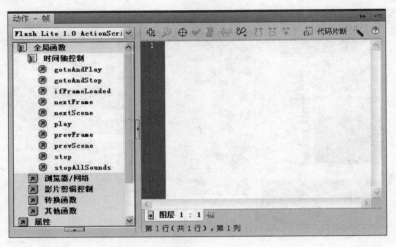

图 1-40　"动作"面板

另外，用户可以根据自己的需要，通过移动面板上方的控制条（如 库 ）来移动面板位置，对这些面板重新进行布局，建立适合自己的工作界面，如图 1-41 所示。

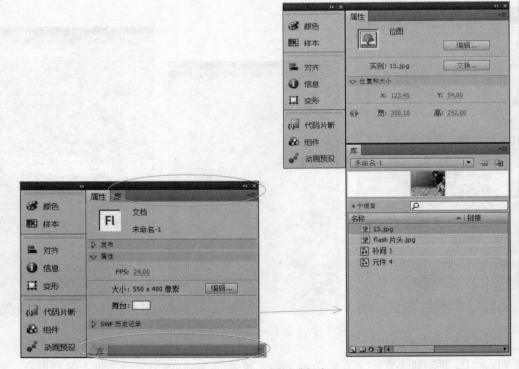

图 1-41　拖动面板重新布局

　　Flash CS5 提供了 7 种工作区面板集的布局方式，选择"窗口"→"工作区"子菜单下的相应命令，可以在这 7 种布局方式间切换。 同样，设计者可以对整个工作区进行手动调整，使工作区更加符合个人的使用习惯。如图 1-42 所示。

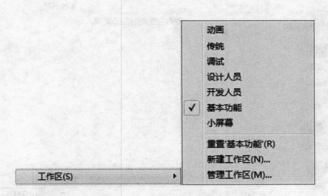

图 1-42　工作区布局切换菜单

技能训练

　　自定义 Flash CS5 的工作环境：启动 Flash CS5，创建一个 Flash 文件，根据自己对 Flash 界面及功能的理解，以及自己的工作习惯，重新调整布局各个面板，建立一个适合自己的工作界面。

任务 1.3.2　了解 Flash CS5 的存储格式

任务描述

　　叙述 Flash CS5 的存储格式。

学习目标

　　了解 Flash CS5 的存储格式。

相关知识

　　退出 Flash 时保存文件，执行"文件"→"另存为"命令，将弹出如图 1-43 所示的"另存为"对话框，默认的存储格式是 .fla。

　　Flash CS5 的存储类型有三种：Flash CS5 文件、Flash CS4 文件和 Flash CS5 未压缩文件。

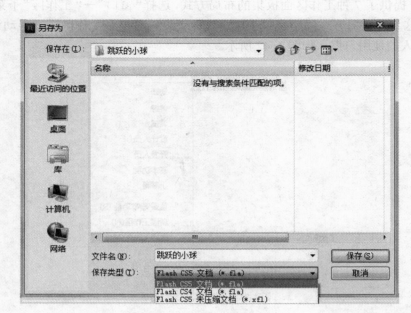

图 1-43 "另存为"对话框

任务 1.3.3 熟悉 Flash CS5 的影片场景

✳ 任务描述

叙述"场景"的概念及其作用,说明场景相关的操作。

◎ 学习目标

(1) 了解 Flash CS5 中场景的概念、作用。
(2) 掌握创建场景、切换场景、复制、删除场景、重命名场景等操作。

🎨 相关知识

1. 场景的概念

场景是 Flash 动画中的一个重要概念。场景是用来绘制、编辑和测试动画的地方,一个场景就是一段相对独立的动画。一个 Flash 作品可以由一个场景组成,也可以由几个场景组成。每个场景由一个或多个图层叠加而成,每个图层又包含若干个帧。当 Flash 文件中包含多个场景时,各个场景的播放顺序将按照"场景"面板中所列的顺序进行,当播放头到达一个场景的最后一帧时,播放头将前进到下一个场景。

通俗来说,场景就好比是舞台剧中的一幕,一幕结束后,再进行下一幕的表演,每个场景都有先后顺序,各个场景又彼此独立,互不干扰。如果将场景比做是舞台剧中的一幕,那么 Flash 中的舞台就是舞台剧中的舞台,舞台以外的区域称为工作区,或者"后台",如图 1-44 所示。但动画最终只显示场景中舞台区域的内容。

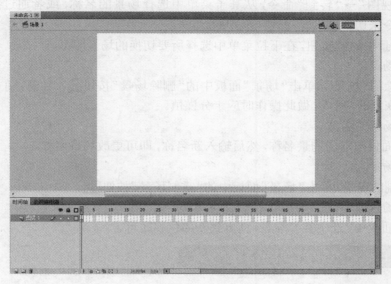

图 1-44　场景

2. 管理场景

(1) 创建场景。

在 Flash 中创建场景可以通过两种方法实现:一种是使用菜单命令来添加场景;另一种是通过"场景"面板来增加场景。如图 1-45 所示。

图 1-45　创建、删除和切换场景

选择"插入"→"场景"命令或单击"场景"面板中的"添加场景"按钮🔲。

（2）在场景之间的切换。

要在不同的场景之间进行切换，可以执行以下操作：

① 选择"视图"→"转到"命令，从其子菜单中选择场景的名称，或者通过执行"前一个"、"后一个"等命令来切换场景。

② 单击场景中的📄按钮，在下拉菜单中选择所要切换的场景即可。

（3）删除场景。

选中欲删除的"场景"，单击"场景"面板中的"删除场景"按钮🗑。注意：在编辑时，对场景的删除是不可恢复的，所以，做此操作时应十分谨慎。

（4）更改场景的名称。

在"场景"面板中双击场景名称，然后输入新名称，即可更改场景名称。

（5）重制场景。

选中欲复制的场景，单击"场景"面板中的"重制场景"按钮🔲。

（6）更改场景顺序。

在"场景"面板中，选中某一场景，拖曳到新的位置即可。

任务 1.3.4 Flash CS5 个性化的参数设置

✳ 任务描述

按照要求对 Flash CS5 进行个性化的参数设置。

⊙ 学习目标

掌握 Flash CS5 中"首选参数"、"自定义工具面板"、"快捷键"等个性化的参数设置。

🎨 相关知识

为了提高工作效率，使软件最大程度地符合个人操作习惯，用户可以在制作动画之前先对 Flash CS5 进行一些个性化的操作设置。在"编辑"菜单下可以选择"首选参数"、"自定义工具面板"或"快捷键"命令进行操作设置，如图 1-46 所示。

1．首选参数

执行"编辑"→"首选参数"命令，弹出"首选参数"对话框，如图 1-47 所示。对话框的"类别"列表包括"常规"、"ActionScript"、"自动套用格式"、"剪贴板"、"绘画"、"文本"、"警告"等选项。单击"类别"列表中某一选项，对话框的右侧则显示相应的设置选项，用户可以根据自己的操作需要进行设置。

图 1-46　编辑菜单中的个性化参数设置命令

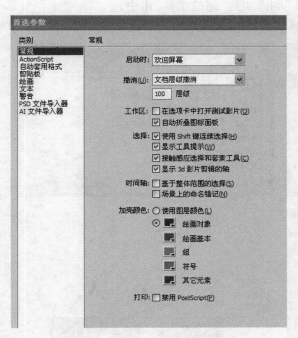

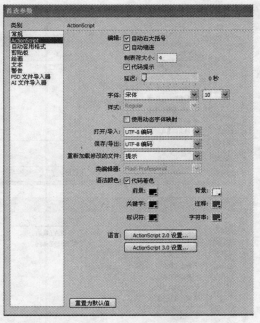

图 1-47　"首选参数"面板中的"常规"、"ActionScript"类别

2. 自定义工具面板

执行"编辑"→"自定义工具面板"命令，弹出"自定义工具面板"对话框，如图 1-48 所示。

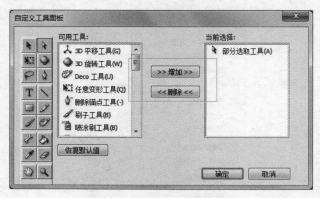

图 1-48　自定义工具面板

"自定义工具面板"包括"当前 Flash 软件中的工具面板布局"、"可用工具"、"当前选择"三部分。用户可以通过设置"自定义工具面板"，打造个性化的"工具面板"。

（1）增加工具的操作。

① 选择当前"工具面板"中的工具，本例选中缩放工具 🔍 ，则"当前选择"中出现"缩放工具"项。

② 在"可用工具"列表框中选择要添加的手形工具 ✋ 。

③ 单击"增加"按钮，则"当前选择"中出现"手形工具"项。单击"确定"按钮。

④ 返回工作区，查看工具箱，"手形工具"则添加到"缩放工具"组中。

具体的操作步骤如图 1-49 所示。

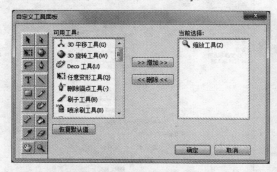

图 1-49　增加工具的操作

（2）删除工具操作。

① 选择当前需要删除的"工具面板"中的工具，如"手形工具"，在"当前选择"项中出现了"手形工具"。

② 单击"当前选择"项中的"手形工具"，并单击"删除"按钮，最后单击"确定"按钮，则"自定义工具栏"对话框中的"手形工具"被删除。

③ 返回工作区，查看工具箱。

具体的操作步骤如图 1-50 所示。

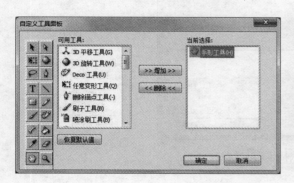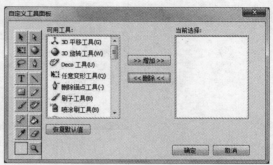

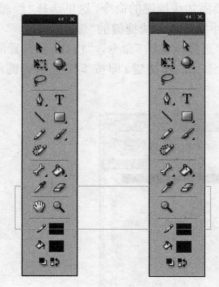

图 1-50　删除工具操作

3. 设置快捷键

（1）创建快捷键的操作。

① 执行"编辑"→"快捷键"命令，弹出"快捷键"设置面板，如图 1-51 所示。Flash 软件提供了内置键盘快捷键功能，除了可以设置软件本身的快捷键，还可以选择其他软件中设置的快捷键，包括 Fireworks、FreeHand、Illustrator、Photoshop 等。

② 单击"直接复制设置"按钮，在弹出的对话框中输入副本名称，单击"确定"按钮。

图 1-51 "快捷键"对话框

③ 在命令列表中选择需要添加快捷键的命令，这里选择"绘画菜单命令"。

④ 选择"绘图菜单命令"中需要添加快捷键的"编辑"菜单。

⑤ 双击"编辑"菜单下的"选择性粘贴"命令，"快捷键"设置面板如图 1-52 所示。

⑥ 在"按键"项选择需要添加的快捷键，即按下键盘中的键，如这里按下 Ctrl+M，并单击"更改"按钮。

(a)   (b)

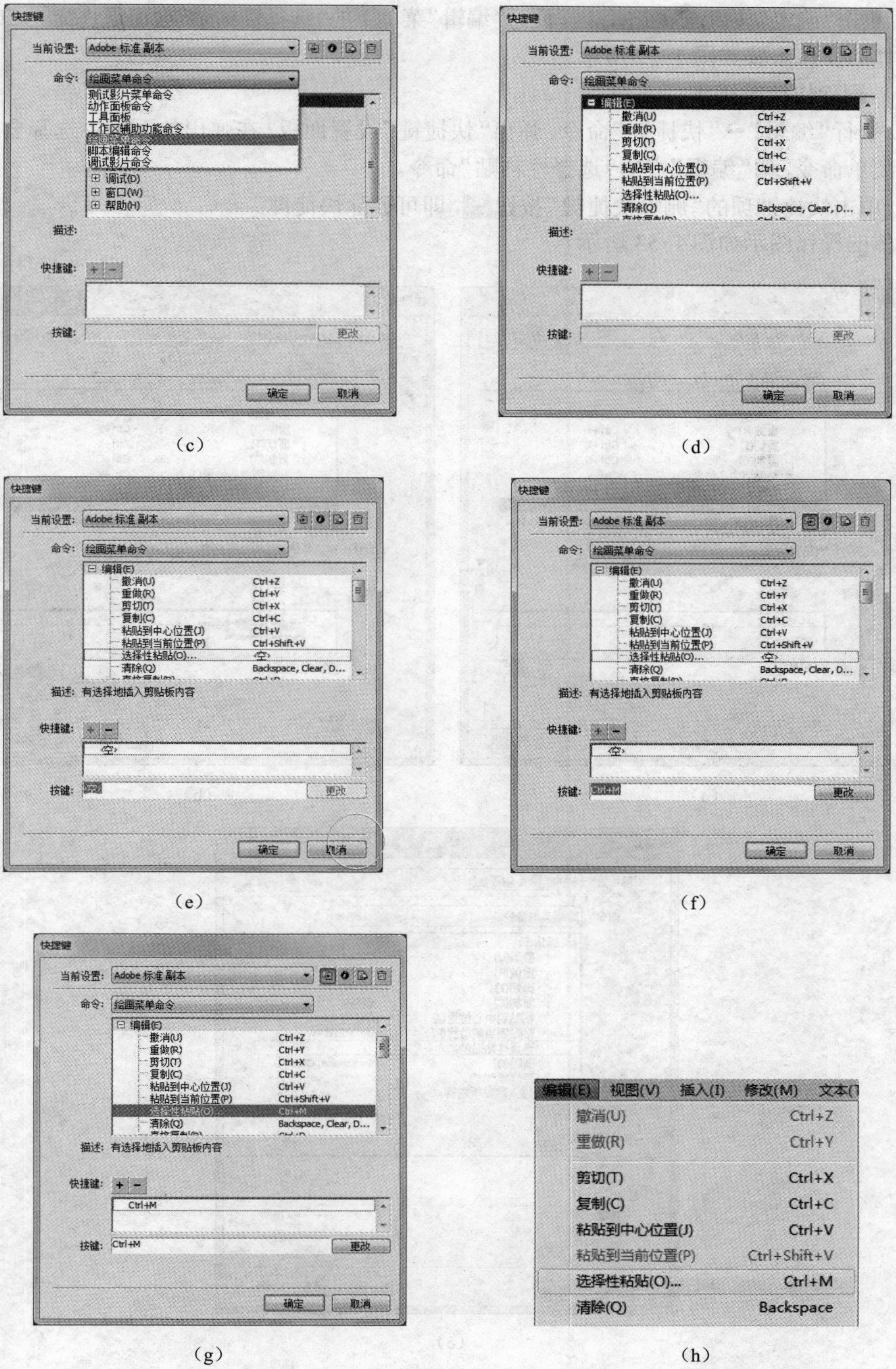

（c）

（d）

（e）

（f）

（g）

（h）

图 1-52　创建快捷键的操作

⑦ 单击"确定"按钮，返回工作区，此时"编辑"菜单下的"选择性粘贴"会出现快捷键 Ctrl+M。具体的操作步骤如图 1-52 所示。

（2）删除快捷键操作

① 执行"编辑"→"快捷键"命令，弹出"快捷键"设置面板，在弹出的面板中选择要删除的快捷键菜单命令，如"编辑"中的"选择性粘贴"命令。

② 单击快捷键项的"删除快捷键"按钮，即可删除快捷键。

具体的操作图示如图 1-53 所示。

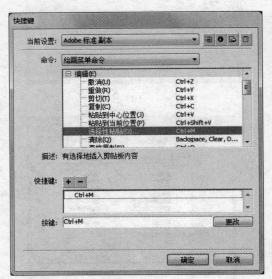
（a）

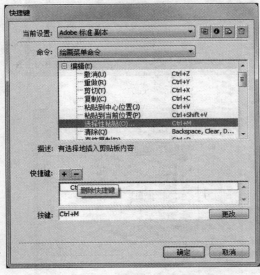
（b）

（c）

图 1-53 删除快捷键操作

技能训练

1．根据实际需求，设置 Flash CS5 的首选参数。
2．根据自己的按键习惯，设计一套实用的快捷键方案。
3．根据实际需求，自定义"工具"面板。

活动 1.4　Flash CS5 文件的基本操作

制作 Flash 动画，首先需要创建一个 Flash 文档，或者打开以前保存的文档进行再次编辑。

活动描述

叙述 Flash CS5 文档的基本操作。

学习目标

掌握文档的操作方法。

相关知识

1．创建新文档
（1）新建空白文档。
要新建一个 Flash 文档，有下面 3 种方法。
① 启动 Flash CS5 时，在开始页中"新建"区域选择所需要新建的文档类型，如图 1-54
所示。
② 在已经打开的文档中新建另一个文档，执行"文件"→"新建"命令，默认打开如图 1-55
所示的"新建文档"对话框的"常规"选项卡。在选项卡中可以选择需要新建的文档类型。或按
Ctrl+N 组合键，同样可以弹出"新建文档"对话框的"常规"选项卡。
③ 除了使用菜单命令新建 Flash 文档以外，另外，可以单击"主工具栏"上的"新建"按钮 □，自
动创建一个空白 Flash 文档，使用此方法创建的文档与上次创建文档的类型相同。如果界面没
有显示"主工具栏"，则选择"窗口"→"工具栏"→"主工具栏"命令，打开主工具栏，如图 1-56
所示。
（2）利用 Flash CS5 自带的模板新建文档。
除了创建一个全新的空白文档外，还可以利用 Flash CS5 自带的模板来新建文档。
① 从启动 Flash CS5 时的开始页中最右侧的"从模板创建"区域选择所需的模板，如单击
"动画"，会弹出"从模板新建"对话框。

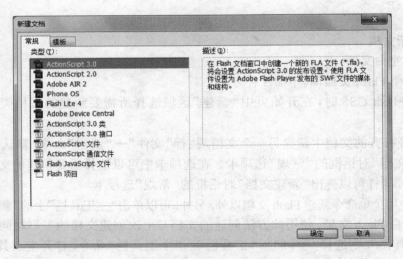

图 1-54　从开始页中新建空白文档

图 1-55　从"新建文档"对话框的"常规"选项卡中新建空白文档

图 1-56　从主工具栏中新建空白文档

② 执行"文件"→"新建"命令,或按 Ctrl+N 组合键,在弹出的"新建文档"对话框中选择"模板"选项卡,打开"从模板新建"对话框,如图 1-57 所示,在"类别"列表框中选择需要创建的模板文档类别,在"模板"列表框中选择相应的样式,单击"确定"按钮,即可新建一个模板文档。

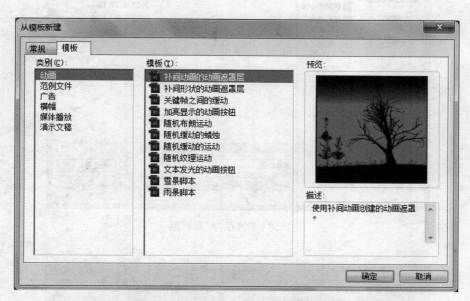

图 1-57 "从模板新建"对话框中选择所需的模板样式

2. 保存文档

编辑和修改 Flash 文档后,需要对其进行保存。有以下方法:

① 执行"文件"→"保存"命令,或按 Ctrl+S 组合键。

② 在显示主工具栏的情况下,单击主工具栏上的"保存"按钮 ,用以上两种方法都可以打开"另存为"对话框,如图 1-58 所示,设置文件的保存路径、文件名和文件类型后,单击"保存"按钮即可。

3. 打开文档

要打开已保存的文档,有如下方法:

① 在开始页中"打开最近项目"区域中选择显示最近打开项目或单击打开按钮 打开... 。

② 执行"文件"→"打开"命令。

③ 单击"主工具栏"上的"打开"按钮 。

以上方法可以打开"打开"对话框,如图 1-59 所示,选择要打开的文件,单击"打开"按钮,即可打开选中的文件。

4. 关闭文档

保存好文档后,要关闭文档,可执行以下操作:

① 执行"文件"→"关闭"命令,或按 Ctrl+W 组合键。

② 单击要关闭的文档,如 简单动画 按钮。

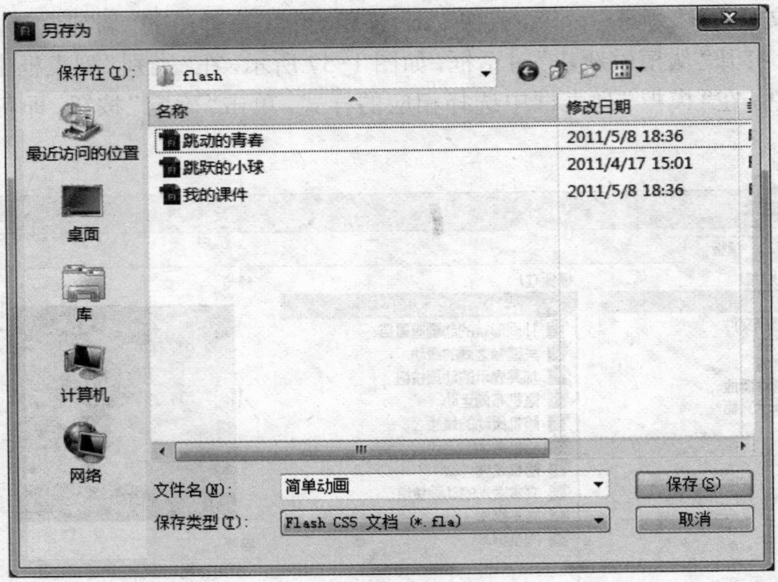

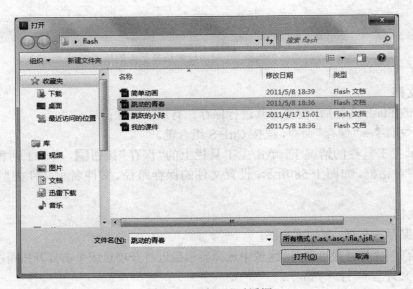

图 1-58　"另存为"对话框

图 1-59　"打开"对话框

③ 如果要关闭当前所有文件,选择"文件"→"全部关闭"命令。

5．设置文档属性

默认状态下,Flash 文档属性如图 1-60 所示,舞台大小为 550×400 像素,背景为白色,帧频为 24 帧／秒(fps)。在制作动画过程中,可以根据需要对其中的属性进行重新设置。

在属性面板中的"属性"中,可以单击 FPS 中的 24.00 按钮更改帧频,设置的数值越大,每秒播放的帧数越多,动画的视觉效果就会越流畅。单击大小中的 编辑... 按钮更改舞台大小,单击舞台□□□按钮,在弹出的调色板中选择相应的颜色来更改舞台的背景颜色。

另外,可以执行"修改"→"文档"命令,弹出如图 1-61 所示的对话框,同样可以更改各项属性。

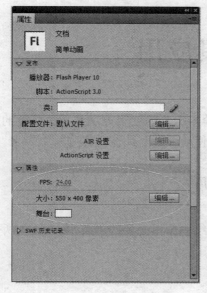

图 1-60　Flash 文档属性

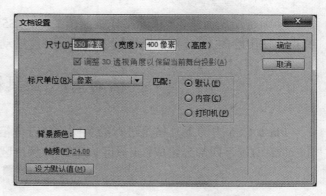

图 1-61　"文档属性"对话框

技能训练

1. 创建一个名"简单动画"的 Flash 文档,设置文档大小为 640×480 像素,帧频为 24 fps,背景颜色为绿色,然后将文档进行保存并另存为模板。

2. 使用 Flash CS5 自带的"广告"模板,创建一个"728×90"的告示牌。并将其命名为"告示牌",保存在"我的 Flash 文件"中。

单 元 小 结

本单元首先简要介绍了 Flash 的发展历程、Flash 动画的特点、网络中的 Flash、Flash 的用途等知识,然后重点讲解了 Flash CS5 的新增功能,Flash CS5 的操作界面、存储格式、场景、个性化的参数设置,Flash CS5 文档的基本操作等,这些都是 Flash CS5 动画制作的入门知识。通过本单元的学习,能够了解 Flash CS5 的工作环境,掌握基本的操作、参数的设置等,为以后的学习打下一定的基础。

单元 2

Flash CS5 绘图工具应用

动画是绘图而来，本单元将详细介绍 Flash CS5 中各个绘图工具的使用方法及相关属性的特点。使用绘图工具，用户能够绘制出各种各样的动画元素，使动画画面具有观赏性。

活动 2.1　工具箱的组成

Flash CS5 中的工具箱是进行绘图操作的百宝箱，提供了绘制图形必要的工具，如图 2-1 所示，主要由以下四部分组成：工具区、查看区、颜色区以及选项区。

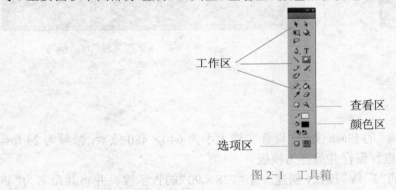

工作区

查看区
颜色区

选项区

图 2-1　工具箱

工具箱的显示：
单击菜单栏 "窗口"→"工具"命令，将弹出工具箱。

活动 2.2　常用的绘图工具

图形和文字是组成 Flash 动画的基础元素，利用 Flash 提供的工具箱上的绘图工具，可以方便地绘制出需要的各种图形和文字，熟练掌握其中每一个工具的使用方法，对制作一个 Flash 动画至关重要。

在计算机绘图领域中，图像分为位图和矢量图两种类型。

位图是由像素点组成的图形，一般用于照片品质的图像处理。由像素的位置与颜色值表示，能表现出颜色阴影的变化。

矢量图以几何图形居多，图形可以无限放大，不变色、不模糊。矢量图形是由一个个单独的点构成的，这些点都有其各自的属性，如位置、颜色等。

在一部动画里，一个画面里往往包含很多简单的图形，如圆形、矩形或线条。因此，掌握 Flash CS5 中的直接绘制对象工具的使用，对于绘制动画非常重要，这也是绘制动画的基础。本活动将深入学习常用绘图工具的使用。

任务 2.2.1　线条工具与椭圆形、矩形工具

✿ **任务描述**

用"线条工具"绘制一个帐篷，如图 2-2 所示。

◎ **学习目标**

掌握"线条工具"、"椭圆形工具"和"矩形工具"的使用。

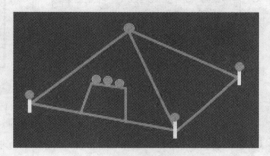

图 2-2　帐篷效果图

【分析与设计】

在动画中，绘制线段使用"线条"工具，根据需要设置好线条属性，如颜色、类型、粗细等，然后在舞台中绘制出所需线段。

【操作步骤】

（1）新建一个 Flash 文档，设置文档属性中的背景色为"0000CC"，其余为默认设置。

（2）选择"线条工具"，"填充颜色"为"#FF0000"，"笔触大小"为"5"。

（3）在舞台上绘制线段，形成如图 2-2 所示的帐篷轮廓。

（4）选择"椭圆工具"，"填充颜色"为"#FF0000"，"笔触颜色"为不填充。

（5）绘制 7 个正圆。

（6）选择"矩形工具"，"填充颜色"和"笔触颜色"均为"#FFFF00"。

（7）绘制 3 个黄色矩形。

◆ **总结提升**

（1）线条是组成画面最基础的元素，使用"线条工具" 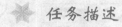 可以绘制出直线。选择"线条工具"后，如果要绘制出所需要的线条，就需打开该工具的"属性"面板，如图 2-3 所示。

"线条工具"具体的属性意义如下：

笔触颜色：设置线条的颜色，单击该按钮，可弹出调色板。

笔触大小：设置线条的粗细，拖动其滑块，调整笔触大小。

笔触样式：设置线条的样式，下拉列表里包含实线、虚线、点状线等 6 种样式。如默认的笔触样式还不能满足需求，还可以单击"编辑笔触样式"按钮 ✎，打开自定义笔触样式对话框，如

图 2-4 所示。

图 2-3 线条"属性"面板

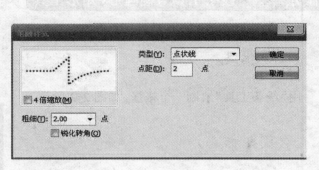

图 2-4 笔触样式

端点:给线条的两端加上需要的端点。其中有"无"、"圆角"、"方型"三种选项。它们对应的效果如图 2-5 所示。

图 2-5 端点效果图

结合:主要用于设置矩形或其他图形绘制时线条与线条直接结合部位的形状。其中有"尖角"、"圆角"和"斜角"三种选择,三种结合方式绘制的效果如图 2-6 所示。

图 2-6 三种结合方式

绘制线条的方法如下:

选中工具栏:选择线条工具 ,打开属性面板,设置相关属性,端点和结合均为圆角,确定后按下鼠标左键不放,如图 2-7 所示,在舞台上拖动,如图 2-8 所示,释放鼠标,即可绘制出所需要的线条。

图 2-7 起始点　　　　　图 2-8 拖曳鼠标绘制线条

在绘制时，若按下 Shift 键，可以绘制如图 2-9 所示三种线条。

（2）选择"椭圆工具"可以绘制出圆形或椭圆形，如果要绘制出所需的椭圆或圆形，就需打开该工具的"属性"面板进行设置，如图 2-10 所示。

水平线条   垂直线条   45°线条

图 2-9   Shift 键下的线条

图 2-10   椭圆工具"属性"面板

"椭圆工具"具体的属性意义如下：

开始角度 / 结束角度：椭圆的起始点角度和结束点角度。使用这两个控件可以轻松地将椭圆和圆形的形状修改为扇形、半圆形及其他有创意的形状。

内径：椭圆的内径，可绘制出内侧椭圆。

闭合路径：确定椭圆的路径（如果指定了内径，则有多条路径）是否闭合。如果取消闭合路径，则不会对生成的形状应用任何填充。

重置：重置基本椭圆工具的所有控件，并将在舞台上绘制的基本椭圆形状恢复为原始大小和形状。

图 2-11 所示的 4 个椭圆所对应的属性设置如图 2-12 所示，其中在绘制时，若按下 Shift 键，将绘制出正圆。

椭圆   正圆   具有内径的圆   具有缺角的圆

图 2-11   四种不同的圆

(a) 椭圆或正圆

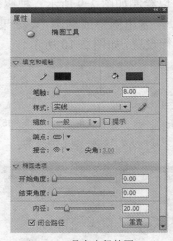
(b) 具有内径的圆

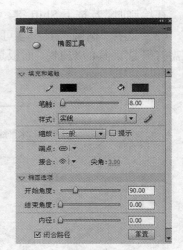
(c) 具有缺角的圆

图 2-12 不同圆的属性设置

（3）"矩形工具"■与"椭圆工具"●位于一个按钮上，对着"椭圆工具"●，多按一次，将弹出下拉选项，如图 2-13 所示。

选择"矩形工具"■，可以绘制出矩形，如果要绘制出所需要的矩形，就需打开该工具的属性面板进行设置，如图 2-14 所示。

矩形边角半径：设置数值，用于绘制圆角矩形。可以输入数值，也可以拖动下边的滑块进行设置。如图 2-15 所示的就是一个边角半径为 90°的矩形。

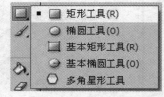

图 2-13 椭圆工具展开图

在工具箱下端对应的选项栏里有两个辅助选项按钮，如图 2-16 所示。

"贴紧至对象"按钮■：按下该按钮，若新绘制的矩形、椭圆或直线等对象接近其他对象时，将自动接近连接到其他对象上，用户根据实际需要确定是否启动该按钮。

"贴紧至对象"按钮左边有一个名为"对象绘制"按钮●，按下该按钮，所绘制的对象将作为独立的对象，不会与其他对象相互影响。

例如按下了"对象绘制"按钮后绘制的矩形，当使用选择工具▶移动矩形时，它是作为一个整体移动的，但若没按下"对象绘制"按钮后绘制的矩形，当使用移动工具移动时，填充部分和边框是分开的。如图 2-17 所示。

与"矩形工具"同处一按钮的还有"基本矩形工具"、"基本椭圆工具"和"多角星形工具"。其中"基本矩形工具"的属性设置与"矩形工具"一致，并且绘制出来的矩形从外观上看和"矩形工具"绘制出来的矩形一样，如图 2-18（a）所示。不同的是，"基本矩形工具"绘制出来的矩形是独立的，不会受其他对象图形影响，并且绘制出来的矩形如图 2-18（b）所示，在 4 个角上有 4 个控制点，若使用选择工具▶移动其中的控制点，矩形将发生形状变化。如图 2-18（c）所示。

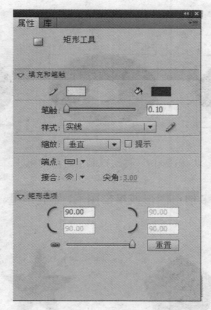

图 2-14　矩形工具面板

图 2-15　边角半径为 90° 的矩形

图 2-16　两个辅助选项按钮

图 2-17　移动矩形

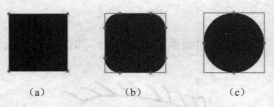

（a）　　　　　　（b）　　　　　　（c）

图 2-18　移动控制点时的变化

　　"基本椭圆工具"的属性设置与"椭圆工具"一致，并且绘制出来的椭圆从外观上看和"椭圆工具"绘制出来的椭圆一样。不同的是，"基本椭圆工具"绘制出来的椭圆是独立的，不会受其他对象图形影响，并且绘制出来的椭圆如图 2-19（a）所示，有两个控制点，若使用移动工具 ▶ 移动里边的控制点，椭圆将发生形状变化，如图 2-19（b）所示，若移动外边的控制点，将产生如图 2-19（c）所示的椭圆。

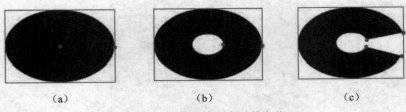

（a） （b） （c）

图 2-19 移动控制点时的变化

"多角星形工具"用于绘制多边形图形或星形图形,如五角星、六边形等,如图 2-20 ～图 2-23 所示。

图 2-20 六边形 图 2-21 五边形 图 2-22 五角星① 图 2-23 五角星②

若需要绘制多边形,方法是:选中"多角星形工具"，打开"属性"面板,单击"工具设置"里的选项按钮,弹出"工具设置"对话框(如图 2-24 所示),在样式选项里选择"多边形"(若要绘制"星形",则选择"星形"),设置完毕后,拖动鼠标就可以在舞台上绘制出多边形或星形了。

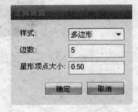

图 2-24 工具设置

任务 2.2.2 铅笔工具的应用

 任务描述

学会使用"铅笔工具"绘制人物动画里的眼睛部分,如图 2-25 所示。

图 2-25 铅笔绘制的眼睛

学习目标

本任务主要学习如何使用"铅笔工具" ✐ 绘制线条。

【分析与设计】

（1）动画里人物的眼睛部分，特别是眼睫毛部分，使用"铅笔工具"能很好地绘制。

（2）眼珠部分可以使用学习过的"椭圆工具"完成绘制。

【操作步骤】

（1）新建一个 Flash 文档，所有属性使用默认设置。

（2）选择"铅笔工具"，打开"属性"面板，设置好铅笔样式和颜色等，选择铅笔模式为"平滑"模式。

（3）在舞台上绘制眼睛的轮廓及眼睫毛。

（4）选择"椭圆工具"，设置填充颜色为"0000FF"，绘制眼珠。

总结提升

（1）要在舞台上绘制自由的曲线，可以使用"铅笔工具"。

（2）在铅笔工具"属性"面板的样式选项中可以设置线条的类型。选择"铅笔工具"，在选项栏上单击 ↰ 按钮，还有三种铅笔模式选择，如图 2-26 所示。三种模式下绘制的线条如图 2-27 所示。

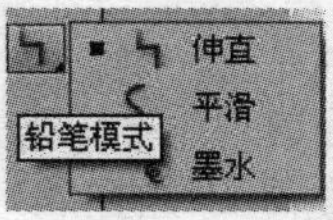

（a）伸直模式　（b）平滑模式　（c）墨水模式

图 2-26　铅笔模式　　　　　图 2-27　三种模式下绘制的线条

伸直模式：当绘制的线条接近直线、多边形、圆等，则绘制的线条直接转为这些图形。

平滑模式：此模式下绘制的线条则变得更加平滑。

墨水模式：此模式下绘制的线条保持绘制的原貌。

（3）有时需要精细绘制动画中的细节部分，使用"铅笔工具"，按下鼠标绘制后，若再按下 Shift 键，可以控制绘制出水平、垂直或 45°的直线。使用鼠标绘制的曲线，主要根据鼠标的移动，当然绘制出来的线条是比较粗略的，若要绘制精确的动画曲线还可借助手写输入板这种输入设备。

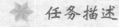

任务 2.2.3　刷子工具的应用

任务描述

学会使用"刷子工具"绘制出太阳的光线部分，如图 2-28 所示。

学习目标

掌握"刷子工具"的特性及使用方法。

图 2-28 刷子绘制的太阳

【分析与设计】

绘制光线，可以使用"刷子工具"进行涂刷，只需要设置好填充的颜色，然后往需要绘制的地方涂刷即可完成。

【操作步骤】

（1）新建一个 Flash 文档，所有属性使用默认设置。

（2）选择"椭圆工具"，设置"填充颜色"为"FF6600"，按 Shift 键拖动鼠标在舞台上绘制出一个正圆。

（3）选择"刷子工具"，打开其属性面板，设置刷子颜色为"FF3300"，在选项栏里选择刷子模式、刷子大小，刷子形状为默认。

总结提升

（1）"刷子工具"是 Flash 中重要的绘图工具，它可以模拟出刷子挥动的力度，有如真的刷子一样在舞台上绘画，从而绘制出所需要的线条、图形等。

单击"刷子工具"，在工具选项栏里有几个属性设置，如图 2-29 和图 2-30 所示。

图 2-29 刷子选项栏

其中刷子模式分别是以下 5 种：

① 标准绘画：默认模式，在该模式下，后绘制的图形会覆盖先绘制的图形。

② 颜料填充：该模式下绘制的颜色区域会覆盖下层对象的填充内容，但不会覆盖下层对象边框线。

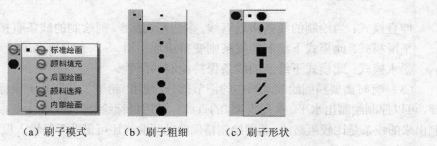

（a）刷子模式　　（b）刷子粗细　　（c）刷子形状

图 2-30 刷子选项栏展开图

③ 后面绘画：该模式下绘制的颜色区域将置于对象下层，对象的线条和填充内容不受影响。

④ 颜料选择：该模式下绘制的颜色区域只对所选定的区域绘制，其余区域不受影响。

⑤ 内部绘画：该模式下当第一笔刷子在封闭的区域内，所绘制的颜色区域有效，边框线不受影响，其余超出部分均无效。

以上 5 种模式对应的效果分别如图 2-31 所示。

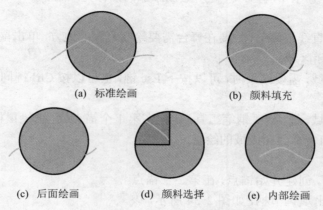

(a) 标准绘画　　　　(b) 颜料填充

(c) 后面绘画　　(d) 颜料选择　　(e) 内部绘画

图 2-31　5 种模式下对应的效果图

（2）"刷子工具"主要用于对对象的粉刷，填充所需颜色，"刷子工具" 和"铅笔工具" 的使用方法相似，但是"刷子工具"绘制的图形是填充图形，没有边框线。这是它们的重要区别。另外刷子的形状也具有多种，可以根据需要方便地粉刷对象。

任务 2.2.4　钢笔工具的应用

✹ 任务描述

学会使用"钢笔工具"绘制出五角星，如图 2-32 所示。

◐ 学习目标

学会使用"钢笔工具"确立两点绘制所需线段。

图 2-32　五角星

【分析与设计】

绘制任务中的五角星，首先需确立锚点的数目，然后添加相应的锚点，自动形成所需线段。

【操作步骤】

（1）新建一个 Flash 文档，所有属性使用默认设置。

（2）选择"钢笔工具"，单击舞台上一点，产生一个起始锚点，在相应的地方按顺序单击产生锚点，如图 2-33 所示，最后鼠标单击起始锚点，按 Esc 键退出，产生最终效果。

图 2-33　五角星线条

◈ 总结提升

（1）使用"钢笔工具" 可以绘制精确的路径（如直线或平滑流畅的曲线）。单击可以创建直线段上的点，拖动可以创建曲线段上的点。可以通过调整线条上的点来调整直线段和曲线段。在 Flash CS5 中，使用"钢笔工具" ，所绘制添加的点称为"锚点"。

① 绘制直线：

"钢笔工具"绘制直线很简单，只要在舞台需要绘制直线的地方，单击鼠标，添加锚点之后就能自动生成直线或封闭区域。

绘制一个开放区域，需要结束时，可以按下 Esc 键，也可以按 Ctrl 键同时单击空白处，还可以双击最后一个节点。

绘制一个封闭区域，最后将"钢笔工具"定位在第 1 个锚点处，钢笔鼠标指针右边出现小圆圈，这时单击左键即可完成封闭区域的绘制。

② 绘制曲线：

选择"钢笔工具"，创建开始锚点，在第 2 个锚点处单击拖曳，这时将出现调节柄，如图 2-34 所示，该调节柄包含两个控制点。向不同方向拖曳，将会获得不同弧度的曲线。同理，若在第 3、4 等的锚点处作相同的操作，将会绘制出所需的曲线。

图 2-34　钢笔绘制的曲线

（2）"钢笔工具"显示的不同指针反映其当前绘制状态。以下指针指示各种绘制状态：

● 初始锚点指针 ：选中钢笔工具后看到的第一个指针。指示在舞台上单击鼠标时将创建初始锚点。

● 连续锚点指针 ：指示下一次单击鼠标时将创建一个锚点，并用一条直线与前一个锚点相连接。

● 添加锚点指针 ：向已有路径上添加一个锚点。

● 删除锚点指针 ：当鼠标指向已有的一个锚点时出现，表示单击后删除该锚点。

● 连续路径指针 ：从已有锚点扩展出新路径。若要激活此指针，则鼠标必须位于路径上现有锚点的上方。仅在当前未绘制路径时，此指针才可用。

● 闭合路径指针 ：在正绘制的路径的起始点处双击鼠标可闭合路径。

（3）掌握使用"钢笔工具"绘制一些复杂曲线的方法，对于精确绘制所需要的图形具有重要意义。在图 2-34 中，控制柄两端的控制点，分别控制着该锚点两边曲线的曲率，按下 Alt 键，选择控制点，拖曳鼠标可改变该锚点两边的曲率。如要绘制，还需配合使用下一活动所学的选取工具。

小　　结

"线条工具"与"椭圆形工具"、"矩形工具"是绘制基本图形的工具，这些基本的图形可以组成其他复杂的图形。"铅笔工具"和"刷子工具"可以方便、快捷地绘制出自由的线条。"钢笔工具"可以绘制出精确的曲线，曲率弧度都可以根据实际所需精确调整。

技能训练

1．制作如图 2-35 所示的招牌。

2. 制作如图 2-36 所示的立体字。

图 2-35 招牌

图 2-36 立体字

活动 2.3 图形对象的编辑技巧

任务 2.3.1 选择工具的应用

 任务描述

使用"选择工具"对对象进行变形，制作出花朵图形，如图 2-37 所示。

学习目标

(1) 掌握"选择工具"进行对象的选取操作。
(2) 掌握"选择工具"进行对象的编辑变形操作。

【分析与设计】

绘制如图 2-37 所示花朵，可先使用"多角星形工具"绘制出五角星形，然后使用"选择工具"对对象进行变形，得到花朵形状。

图 2-37 花朵图形

【操作步骤】

(1) 新建一个 Flash 文档，所有属性使用默认设置。

(2) 选择"多角星形工具"，设置"样式"为"星形"，"边数"为 5，"笔触颜色"为"#000066"，"笔触大小"为 2，"填充颜色"为"FF0000"。

(3) 在舞台上绘制出五角星。

（4）选择"选择工具"，对各边进行变形，形成花朵效果。

◇ **总结提升**

"选择工具"是所有工具中最常用的一种，使用该工具选取在舞台中的对象，是对其进行移动或修改的前提。本任务主要针对选取对象、移动对象和编辑对象三部分进行学习。

1. 选取对象

使用"选择工具" ➤ 选取单一对象时，只需单击对象，即可选中，其中填充部分为高亮部分，为选中部分，如图 2-38 所示。若要同时选取填充区域和边框，双击对象即可选中，如图 2-39 所示。

图 2-38　选中圆内形状　　　　图 2-39　选中圆的整体

选取多个对象，一般有以下两种方法：

① 若要选取多个不同的对象，如多个对象中的填充区域，按住 Shift 键，单击所需选择的填充区域。如图 2-40 所示。

② 对着空白区域（没有对象区域）按住鼠标左键拖曳，形成一个矩形，松开鼠标，该矩形所包含的对象将被选取。

2. 移动对象

选中对象之后，按住鼠标左键拖曳到所需的位置，即可完成移动。若选取对象后，按住 Alt 键，拖曳鼠标，松开鼠标后，再松开 Alt 键，将会自动复制一次该对象，如图 2-41 所示。

图 2-40　按住 Shift 键加选图形　　　　图 2-41　按住 Alt 键移动复制图像

3. 编辑对象

编辑对象主要是对对象进行变形，在变形期间不需要对对象选中。

① 鼠标靠近对象的角点时，如图 2-42 所示，此时按住鼠标左键拖曳，对象边框将变形，如

图 2-43 所示，释放鼠标后，图形如图 2-44 所示。

<table>
<tr><td>图 2-42　靠近角点时</td><td>图 2-43　拖曳鼠标</td><td>图 2-44　形成图形</td></tr>
</table>

② 若鼠标靠近对象线段内，如图 2-45 所示，此时按住鼠标左键拖曳，将改变图形的弧度，如图 2-46 所示，释放鼠标后，图形如图 2-47 所示。

<table>
<tr><td>图 2-45　靠近边框</td><td>图 2-46　拖曳鼠标</td><td>图 2-47　形成图形</td></tr>
</table>

若在第二种情况下，按下 Ctrl 键的同时，拖曳鼠标，此时线段将产生一个节点，形成两条线段，如图 2-48 所示，最后形成的图形如图 2-49 所示。

<table>
<tr><td>图 2-48　按 Ctrl 键靠近边框</td><td>图 2-49　形成图形</td></tr>
</table>

"选择工具"可以说是最常用的工具，作为绘制动画的操作，离不开选择对象，移动对象至精确的方位，对对象的变形也是该工具常用的功能。

任务 2.3.2　部分选取工具的应用

❋　任务描述

学习使用"部分选取工具"来调整部分线段的曲率，制作一顶漂亮的帽子。如图 2-50 所示。

❋　学习目标

学习"部分选取工具"的使用方法，及使用"部分选取工具"对线段进行相应的调整操作。

【分析与设计】

绘制如图 2-50 所示帽子，可先使用"多角星形工具"绘制出五边形，然后使用"选择工具"对对象进行变形，得到帽子形状。

【操作步骤】

（1）使用"多角星形工具"绘制一个五边形，如图 2-51 所示。

（2）选择"部分选取工具"单击对象，按住 Alt 键，拖曳锚点 2 向左移动，如图 2-52 所示，同样方法，拖曳锚点 3 向右移动，形成如图 2-53 所示形状。

图 2-50 帽子

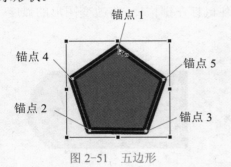

图 2-51 五边形

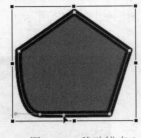

图 2-52 移动锚点 2

图 2-53 移动锚点 3

（3）单击锚点 1，按住 Alt 键，如图 2-54 所示，拖曳鼠标向左右移动，形成如图 2-55 所示形状。

（4）单击锚点 4，按住 Alt 键，拖曳鼠标，改变线段的曲率，同理对于锚点 5 也是相同的操作，形成如图 2-56 所示形状。

（5）单击锚点 4，显现调节柄，按住 Alt 键调整上端和下端的控制点，同理，针对锚点 5 一边也是相同操作，形状如图 2-57 所示。

图 2-54 移动锚点 1

图 2-55 形成形状

图 2-56 调整锚点 4、5 的曲率

图 2-57 调整锚点 4、5 的调节柄

（6）单击锚点 3，显现锚点 3 的调节柄，按住 Alt 键调整两端的控制点，如图 2-58 所示。

（7）最后，按住 Alt 键调整锚点 3，使该角度更加圆滑，如图 2-59 所示。

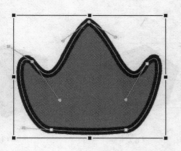 

图 2-58　调整锚点 3 的调节柄　　　　　　图 2-59　最后形成图

◆ **总结提升**

（1）"部分选取工具" 主要用于选择调整部分线段的曲率。从图 2-60 可知，使用"部分选取工具"单击对象之后，在对象线段的端点出现锚点。这时可对该对象进行如下操作：

① 移动锚点，改变对象的形状。例如选取顶端锚点后，拖曳鼠标往下移动，松开鼠标后，形成如图 2-61 所示形状。

② 删除锚点，改变对象的形状。例如选取顶端锚点后，按 Delete 键后，形成如图 2-62 所示形状。

图 2-60　移动锚点　　　　　图 2-61　形成图形　　　　　图 2-62　删除锚点

③ 调整线段的曲率。选取其中一个锚点后，按住 Alt 键，拖曳鼠标，将调整锚点两边线段的曲率。其实这样的操作类似钢笔工具绘制图形的一些操作。如图 2-63 所示。改变该调节柄左边控制点，让它向右移动，缩短左边控制柄，得到如图 2-64 所示形状。

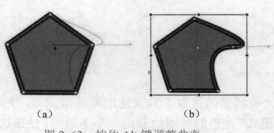 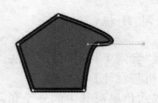

　　（a）　　　　　　　　　（b）

图 2-63　按住 Alt 键调整曲率　　　　　　图 2-64　调整控制点

④ 改变对象形状。单击对象，出现锚点后，按住 Ctrl 键，鼠标靠近对象，将可能出现以下三种图标、、和，分别代表缩放图形、斜切对象和旋转对象。其中斜切和旋转的效果分别如图 2-65 和图 2-66 所示。

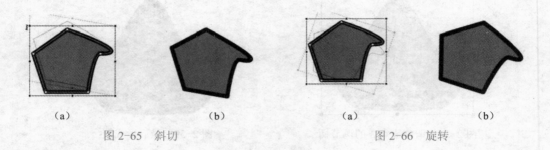

（a）　　　　　　　（b）　　　　　　　（a）　　　　　　　（b）

图 2-65　斜切　　　　　　　　　　　图 2-66　旋转

（2）使用"部分选取工具"选取的图形图像部分，可显示线条的节点，并可通过调节这些节点达到调节线段的曲率，实现不同形状的转换，制作出所需的图形曲线，这也是它的重要特点和用途。要熟练地调整曲率，还需结合相应的快捷键，如调整句柄长度时常用的快捷键Alt。

任务 2.3.3　套索工具的应用

❋ **任务描述**

使用"套索工具"选取六角星形对象的其中一个角，并删除之。如图 2-67 所示。

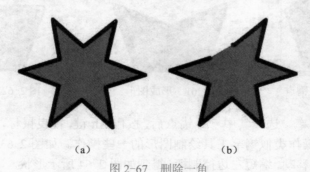

（a）　　　　　　　（b）

图 2-67　删除一角

✺ **学习目标**

掌握"套索工具"的使用方法。

【分析与设计】

选取六角星形其中的一个角，使用之前所学的选取工具来选取将非常困难，使用"套索工具"将使过程变得简单，利用其"多边形模式"在角的外围绘制出一个多边形，使该选区覆盖整个角，最后将该角选中。

【操作步骤】

（1）选择"套索工具"，设置"多边形模式"。

（2）在六角星其中一个角的外围，单击鼠标，绘制出包围整个角的多边形，此时处于该多边形内的六角星部分将处于选中状态。

（3）按下 Delete 键，将选中部分删除。

◇ 总结提升

（1）选择"套索工具"后，只需要按住鼠标在需要选取对象部分，拖曳鼠标，松开鼠标后，会自动绘制出一个闭合区域，将该部分选取，如图 2-68 所示。

当把鼠标移动到选中区域后，如图 2-69 所示，鼠标成 ✥ 形状，表示可以移动选中区域。

（a）　　　　　　　　　　　　　　（b）

图 2-68　选取部分　　　　　　　　　　　　　　

图 2-69　鼠标形状

选取"套索工具"后，选项栏里会有 3 个选项供选择。如图 2-70 所示。

① "魔术棒"按钮：选择此按钮后，右击鼠标将选中与单击点相近的颜色区域。

② "魔术棒设置"按钮：单击该按钮，将弹出如图 2-71 所示设置对话框。

图 2-70　套索选项　　　　　　　图 2-71　魔术棒设置

该对话框主要针对魔术棒的属性设置。其中"阈值"用来定义一个颜色取值范围。选取的颜色块和之相邻的该颜色块阈值范围内的其他颜色块都将被选中。该阈值范围为 0 ～ 100。100 表示能选中与所选颜色块相邻的所有像素。"平滑"选项用于设置如何处理颜色边缘部分。

③ "多边形模式"按钮：单击该按钮后，在舞台上每单击一次鼠标，将产生一个端点，这些端点之间将用直线连接，最后双击鼠标，将使开始端点和结束端点所确定的范围内变成选区。

（2）"套索工具" ♀ 可以方便地实现对任意形状范围的对象的选取，特别是要选一些不规则范围的对象，如若要选取一些多边形的部分，利用"多边形模式"可以方便实现选取。之前所学的两种选取工具，更多是用来选取一定规则范围的对象，实际的选取还需根据具体的需要而定。

任务 2.3.4　任意变形工具的应用

✱ 任务描述

使用"任意变形工具"制作出如图 2-72 所示的三维球形
效果。

〇 学习目标

掌握"任意变形工具"的各种变形方法,对图形对象进
行所需变形。

图 2-72　三维球形

【分析与设计】

绘制三维球形效果,重点是制作该球体的阴影,能否让阴影看起来的效果更真实,就在于
对该阴影的变形。阴影部分做成球体后,只需要填充为黑灰色,使用"任意变形工具"对其进
行变形。

【操作步骤】

（1）首先选择"椭圆工具",选取填充颜色值为 #333333 的黑灰色（无笔触颜色）在舞台
绘制阴影,如图 2-73 所示。

（2）选择"任意变形工具",单击阴影图形,在选项栏上单击"旋转与斜切"按钮,拖曳鼠标,
使阴影图形对象斜切变形,如图 2-74 所示。

图 2-73　黑灰色圆

图 2-74　斜切变形

（3）单击"扭曲"按钮,选取阴影图形左上角,向左下角方向拖曳鼠标,如图 2-75 所示,使
阴影显得低平些,产生更加真实的效果,如图 2-76 所示。

（4）选择"椭圆工具",选取填充颜色样式为中心光亮,四周渐变,如图 2-77 所示。

（5）在阴影图形边拖曳鼠标,在舞台上绘制出一个圆,最终完成如图 2-72 所示效果。

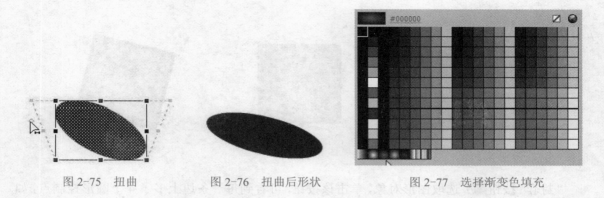

图 2-75　扭曲　　　　图 2-76　扭曲后形状　　　　图 2-77　选择渐变色填充

◈ **总结提升**

（1）"任意变形工具" ⊞ 可以对图形进行任意的变形。选择该工具后，单击需要变形的图形对象后，可在选项栏内可选择变形的方式，如图 2-78 所示。

"旋转与斜切"按钮 ↻：单击该按钮，选择图形对象，如图 2-79 所示，图形对象边框将出现 8 个控制点，当鼠标靠近四条边线中间的控制点时，鼠标将变成斜切图标，拖曳图形，图形将倾斜，如图 2-80 所示；当鼠标靠近 4 个角点时，鼠标变成旋转图标，拖曳图形，图形将以对象中心的空心为圆点旋转，如图 2-81 所示。当然，圆点的位置可以使用鼠标去调整。

"缩放"按钮 ⤡：选取图形对象，单击该按钮，可以在对象的 8 个控制点拖曳鼠标实现对对象的缩放。

"扭曲"按钮 ◹：选取图形对象，单击该按钮，可以在对象的 8 个控制点拖曳鼠标实现对对象的自由扭曲变形。

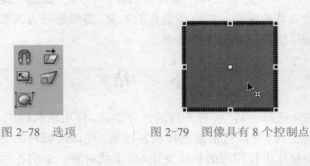

图 2-78　选项　　　　图 2-79　图像具有 8 个控制点

图 2-80　斜切

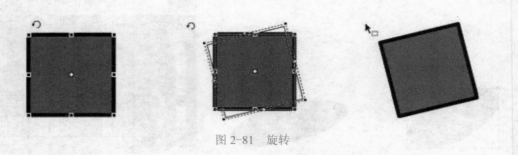

图 2-81 旋转

"封套"按钮 ：选取图形对象，单击该按钮，可看到每一条边上多了 4 个圆形控制点，如图 2-82 所示。鼠标靠近这些控制点，鼠标图标将变成 ，这时若拖曳鼠标可看到控制点两边的线段将会调整曲率变成弧线。其中靠近边线中点控制点的圆形控制点将调整整条边线的曲率，靠近角点的圆形控制点调整半条边线的曲率。

通过对这些圆形控制点的调整，把图中的图形转换成如图 2-83 所示形状。

图 2-82 封套

图 2-83 形成图形

（2）通过学习使用"任意变形工具"，可以在 Flash 舞台上制作一些更加形象、更加逼真的图形图像。该工具中的不同变形方式可根据需要选择，特别是"扭曲"按钮的作用能使对象像三维方向变形，产生更加立体的感觉。要制作逼真的效果，需要这些方式的混合使用，当然也需要用户在对对象变形之前，建立三维立体的思想。

小　结

"选择工具"、"部分选择工具"各有不同的选择功能，使用这两种工具都可以选择对象并进行相应的编辑。"套索工具"可以自由地选择所需区域，使该区域内的对象作为编辑对象。"任意变形工具"针对一个整体进行相应的形状变化，使形状对象产生的各种显示效果。

技能训练

1. 制作如图 2-84 所示的电话机。
2. 制作如图 2-85 所示的立体箱子。

图 2-84　电话机

图 2-85　立体箱子

活动 2.4　为图形对象着色

一部优秀的动画在色彩搭配上能给人视觉上的冲击，令人印象深刻，色彩的多元化也是衡量一部动画是否优秀的标准。在 Flash 中，为图形对象着色也是非常重要的一个环节。下面将展开图形对象着色方面的学习。

任务 2.4.1　颜色工具的应用

❋ **任务描述**

使用"颜料桶工具" 🖌 和"墨水瓶工具" 🖋，绘制填充如图 2-86 所示叶子。

◎ **学习目标**

学习掌握有关"颜色工具"中两种工具的使用，熟练掌握填充对象的方法。

图 2-86　叶子

【分析与设计】

叶子图案，包括叶子轮廓、叶子条纹和叶子中心部分，可先使用钢笔绘制轮廓部分，用铅笔绘制叶子中心条纹部分，然后使用"颜料桶工具"填充叶子中心部分，若要对轮廓进行调整，可使用"墨水瓶工具"。

【操作步骤】

（1）新建一个 Flash 文档，所有属性使用默认设置。

（2）使用"钢笔工具"，设置笔触大小为 3，颜色为深绿色，绘制叶子的轮廓。

（3）使用"铅笔工具"，设置笔触大小为 3，颜色为深绿色，在叶子内部，绘制叶子的条纹。

（4）选择"颜料桶工具"，填充颜色为绿色，单击鼠标，往叶子空白处填充绿色。

◇ **总结提升**

"颜色工具"主要分为"颜料桶工具"和"墨水瓶工具"两种,如图 2-87 所示。

1."颜料桶工具"

"颜料桶工具"主要用来填充或更改填充区域的颜色。填充方式分为纯色、渐变色和位图填充三种。选择使用"颜料桶工具"后,可在选项栏上选择填充的模式,这四种模式主要针对需要填充的不同类型的图形去选择。如图 2-88 所示。

图 2-87　颜色工具　　　　　　　　　　　图 2-88　填充模式

不封闭空隙:该模式下,"颜料桶工具"只填充完全封闭的区域,未完全封闭的区域填充无效。

封闭小空隙:可填充只有非常小缺口的区域。

封闭中等空隙:可填充较小缺口的图形区域。

封闭大空隙:可填充较大缺口的图形区域。

(注意:选择哪种模式需视乎需要填充图形区域的情况而定)

在选项栏里还有一个锁定填充按钮,该按钮的作用是锁定填充针对于渐变色的填充,可以对上一笔的颜色规律进行锁定,再次填充时是对上一次颜色填充的延续。

2."墨水瓶工具"

"墨水瓶工具"主要用来修改线条颜色、类型等。打开"墨水瓶工具"的属性对话框,如图 2-89 所示,可看到有关线条的颜色、类型、粗细等设置,设置好之后,移动鼠标,单击所需修改的线条,线条将改变。

"颜色工具"中的这两种工具,分别对应着两种填充,"颜料桶工具"用来填充区域的颜色,"墨水瓶工具"用来填充线条的颜色。了解它们的不同用处后,就可以有针对性的使用。

"颜料桶工具"的使用,还可以填充位图,只需要把位图导入到库中,就能在颜色板上选择使用。

图 2-89　墨水瓶"属性"面板

 任务 2.4.2　样本面板与颜色面板设置

❋ **任务描述**

学习利用有关颜色的工具,绘制如图 2-90 所示彩虹图案。

⁂ 学习目标

学习掌握颜色的设置方法。

【分析与设计】

首先绘制一个带有彩虹色填充的圆，不带边线，然后裁去半圆。最后在正圆中心处绘制一个小正圆，并将其删除，完成彩虹的绘制。

图 2-90 彩虹

【操作步骤】

（1）新建一个 Flash 文档，所有属性使用默认设置。

（2）打开"颜色"面板，选择"径向渐变"，填充颜色选择程序存储的彩虹渐变色，如图 2-91 所示。

（3）调整色标，如图 2-92 所示。

（4）笔触颜色设置为无填充 ▨。

（5）选择"椭圆工具"，在舞台上绘制一个正圆。如图 2-93 所示。

（6）选择"选择工具"，选取正圆下半部，按 Delete 删除，如图 2-94 所示。

（7）选择"椭圆工具"，填充颜色为白色，在彩虹中心处绘制一个小圆形，使用"选择工具"选取小圆形，按 Delete 键删除，如图 2-95 所示。

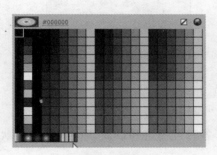

图 2-91 径向渐变

图 2-92 调整色标

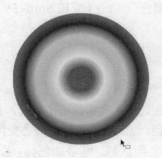

图 2-93 绘制的正圆

图 2-94 半圆

图 2-95　删除选取中心

◇ **总结提升**

设置颜色一般可以通过"样本"面板和"颜色"面板来进行，如图 2-96 所示。

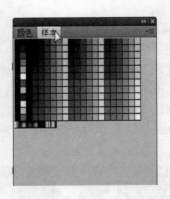

图 2-96　颜色面板及样本面板

1. "样本"面板

（1）要打开"样本"面板，选择菜单栏"窗口"→"样本"命令（或按 Ctrl+F9 键）

（2）从图 2-89 可看到，"样本"面板提供了各种纯色选择以及该程序存储的默认的多种渐变色或用户自定义的填充色。

2. "颜色"面板

（1）要打开"样本"面板，选择菜单栏"窗口"→"颜色" 命令（或按 Shift+F9 键）

（2）颜色类型提供了 5 种类型，如图 2-97 所示。

① 无：表示不填充颜色，是空的。

② 纯色：表示填充的颜色为一种选定的纯色。

③ 线性渐变：表示填充的颜色为从起点到终点之间一条直线渐变过渡色。当选择此类型后，颜色面板相关属性也发生变化，在下边多了一个颜色变化区域和若干个指针，这些指针称为色标。在填充颜色选项里选择程序存储的默认的某种渐变色，该区域及色标也随之变化，如图 2-98 所示。双击这些色标可对它进行颜色的设置，单击色标之间区域，可增加色标，若要删除多余色标，可按住鼠标往下拖动一段距离，多余色标将删除。

图 2-97　填充类型　　　　　　　　图 2-98　调整色标

设置好后即可利用相关的"颜色工具"对图形图像进行填充。效果如图 2-99 所示。

④ 径向渐变：表示填充的颜色为从起点到对象的终点为一个圆形的渐变色。效果如图 2-100 所示。

图 2-99　线性渐变　　　　　　　　　图 2-100　径向渐变

⑤ 位图填充：表示可以设定文件中的一幅位图作为填充对象。

在"颜色"面板中，还有一个属性（Alpha），该属性用来设定颜色的透明度。范围为 0 ～ 100，Alpha 值为 100 表示完全不透明。

颜色的设置关乎图形图像的显示效果，灵活运用能得到我们意想不到的效果。特别是有关渐变色的使用，更是平面设计经常使用的。渐变色越多，色标也越多。

任务 2.4.3　填充变形工具的应用

 任务描述

学习使用"填充变形工具"，对已填充渐变色的气球进行光照点位置的改变。效果图如图 2-101 所示。

◎ 学习目标

学习如何使用"填充变形工具"对已填充渐变色的对象填充效果进行调整。

【分析与设计】

首先绘制一个带有径向渐变色的圆,不带边线,使用"填充变形工具"改变径向渐变的中心点的位置,使之在圆形的左上角,完成效果图。

【操作步骤】

(1)新建一个 Flash 文档,所有属性使用默认设置。

图 2-101 渐变气球

(2)选择"椭圆工具",在"颜色"面板上选择"径向渐变",颜色设置为"白"到"红"。

(3)在舞台上绘制出圆形,如图 2-102 所示。

(4)选择"填充变形工具",改变径向渐变的中心点的位置,如图 2-103 所示。

图 2-102 常规渐变气球

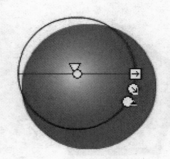

图 2-103 调整中心点

(5)完成效果如图 2-101 所示。

◆ 总结提升

(1)"填充变形工具"是用来调整渐变色或位图填充对象,具体为调整渐变色的中心点、作用范围和渐变的角度等参数。对于一个径向渐变的圆形,若要调整渐变色的位置,使亮光点的位置变化,具体步骤如下:

选择"填充变形工具",单击需要调整的渐变对象,这时对象四周出现一个圆环边框,边框上会有几个控制点,通过控制点可以调整渐变色的中心点、作用范围及角度,如图 2-104 所示。

中心点 ⊙ 控制点控制着渐变色区域的中心位置,作用范围控制点 ⊡ 用于调整渐变色作用范围,旋转角度控制点 ⊙ 控制着

图 2-104 线性渐变调整中心点

渐变色旋转的位置。

（2）"填充变形工具"只针对渐变色或位图填充对象进行调整，对纯色填充对象无效。

任务 2.4.4　橡皮擦工具的应用

✦ **任务描述**

通过"橡皮擦工具"的使用，在绘图过程中精确地绘制出所需效果。

【分析与设计】

在绘图工具里还有一个必不可少的工具，那就是"橡皮擦"工具，使用该工具可以擦除不需要的部分。

❂ **学习目标**

学习掌握"橡皮擦工具"具体的使用。

【操作步骤】

（1）单击"橡皮擦工具"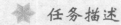，在工具选项栏里有几个属性设置，如图 2-105 所示。

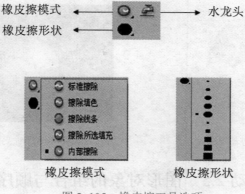

图 2-105　橡皮擦工具选项

其中橡皮擦工具有以下 5 种模式：

标准擦除：该模式下，能擦除舞台上同一图层的所有填充色及边框线。

擦除填色：该模式下，只擦除填充色，不能擦除边框线。

擦除线条：该模式下，只擦除边框线，不能擦除填充色。

擦除所选填充：该模式下，只擦除使用"选择工具"所选的填充色。

内部擦除：该模式下，只擦除第一笔在封闭区域内的填充色，其余无效。

（2）选择"水龙头"选项后，使用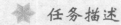单击需要擦除的区域，与单击点颜色相同且联通的填充范围将被擦除。

◆ **总结提升**

在擦除图像时,可根据实际情况选择"橡皮擦形状工具",可以使擦除更加精确。

小　　结

"颜料桶工具"主要用来填充或更改填充区域的颜色,而"墨水瓶工具"主要用来修改线条颜色、类型等。

"样本"面板与"颜色"面板提供了丰富的颜色选择,其中"颜色"面板提供了 5 种颜色填充类型。可根据需要进行选择。

"填充变形工具"用于对渐变色的调整。

"橡皮擦工具"是一个智能的橡皮擦,能根据需要进行某区域的擦除。

✱ **技能训练**

1. 绘制如图 2-106 所示的彩色太阳伞。
2. 绘制如图 2-107 所示的渐变色按钮。

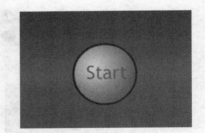

图 2-106　彩色太阳伞　　　　　　　图 2-107　渐变按钮

活动 2.5　图形对象的组合与顺序

任务 2.5.1　组合与取消组合

❀ **任务描述**

通过对指定对象的组合,使一些相对固定的编辑对象组成一个整体。

◎ **学习目标**

掌握对对象进行组合与取消组合的方法。

【分析与设计】

在制作动画的过程中，场景一般都会涉及许多编辑对象，如图形、图像、元件等，在绘制或修改过程中，可把一些相对定型的对象组合起来，作为一个整体进行操作。这样既可方便移动整体位置，也能避免对个别对象的操作影响到其他对象。

图形图像的组合是为了让一些相对固定的编辑对象组成一个整体，不需要时也可取消组合。

【操作步骤】

（1）使用"选择工具"选取需要进行组合的对象后，如图 2-108 所示，单击菜单栏里的"修改"→"组合"命令，或使用组合键 Ctrl+G 完成组合。如图 2-109 所示。

图 2-108 选定太阳

图 2-109 组合后的太阳

（2）若要解散组合，选定组合对象，单击菜单栏里的"修改"→"取消组合"命令，或使用组合键 Ctrl+Shift+G 完成取消组合。

◇ 总结提升

组合或取消组合既可以由菜单命令完成，也可以由组合键完成。具体应用要根据实际情况而定。

任务 2.5.2　调整对象前后顺序

✳ 任务描述

制作一幅太阳在海平面显示的画面，调整对象的前后顺序，实现画面的立体感效果，如图 2-110 所示。

图 2-110 海景

◎ 学习目标

学习改变组合对象的叠放次序，从而达到需要的效果。

【分析与设计】

首先绘制一个太阳，把太阳组合成一个整体，然后复制两个太阳，再绘制大海，把大海组合成一个整体。最后调整它们之间的前后关系，完成效果。

【操作步骤】

（1）新建一个 Flash 文档，所有属性使用默认设置。

（2）使用"椭圆工具"及"刷子工具"绘制一个太阳，如图 2-111 所示。选取整个太阳，按 Ctrl+G 键组合成一个整体，如图 2-112 所示。

图 2-111　太阳

图 2-112　组合太阳

（3）通过组合键 Ctrl+C 和 Ctrl+V 复制两个同样的太阳，调整相应位置，并输入相应文字，如图 2-113 所示。

（4）在舞台上使用"刷子工具"和"填充工具"绘制大海，选择整个大海组合成一个整体。

（5）选择日出太阳，右击鼠标，选择"排列"→"移至底层"命令。

图 2-113　3 个太阳

（6）选择日落太阳，右击鼠标，选择"排列"→"移至底层"命令。最后完成如图 2-110 所示效果。

◆ **总结提升**

在存在多个图形图像对象时,若要使日出的太阳在海面之下,这就需要调整它们之间的上、下层关系。同时,也需要把海水组合。

改变图形图像的前后顺序,方法主要有两种:

(1) 选择调整对象,单击菜单栏上的"修改"→"排列"命令,如图 2-114 所示。

图 2-114　排列顺序

(2) 选择调整对象,右击鼠标,弹出命令选项,选择"排列"命令,如图 2-115 所示。

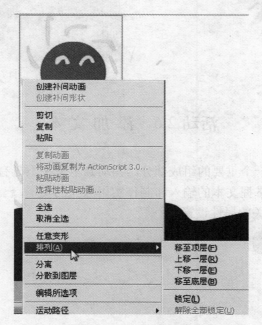

图 2-115　选定对象右击鼠标调整顺序

对象之间的前后顺序需根据实际情况来调整,一般情况下,在调整前后关系前,需把独立的对象作为一个整体组合起来,否则有可能将把下边的图像填充,这是需要特别注意的地方。

小　结

　　本活动学习了对于一幅画中，对象的独立性的重要性，把几个分开的对象组合成独立的整体，对绘制画面是很有用的；根据需要调整不同对象之间的上、下层关系，能得到令人满意的效果。

技能训练

1. 绘制如图 2-116 所示的羽毛球图案。
2. 绘制如图 2-117 所示的风景画（小鸟在素材库中，可导入到库中使用）。

图 2-116　羽毛球　　　　　　　　　　　　　　　　图 2-117　风景画

活动 2.6　添加文本

　　在动画里，文字也是一个重要的组成部分。在动画里文字不光有提示作用，也有吸引眼球作用。制作动画时，熟练掌握文本的输入和制作实用漂亮的文本，已显得非常重要了。本活动主要介绍文本的添加及相关的属性设置。

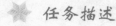

任务 2.6.1　输入文本

任务描述

　　通过使用"文本工具"在舞台上添加文本文字。

学习目标

　　熟练掌握"文本工具"的使用，学会在舞台上输入文本。

【分析与设计】

舞台上添加文本文字可使用工具栏上的"文本工具"**T**。

【操作步骤】

输入文本的方法有两种：

方法一：选择"文本工具"，单击需要添加的文字，这时该位置将出现一个文本输入框，如图 2-118 所示。

方法二：选择"文本工具"，在舞台上拖曳鼠标，得到一个文本输入范围，如图 2-119 所示。在该范围内输入文本，若文字即将超过范围的边界，文字会自动换行显示，如图 2-120 所示。

若要调整文本的范围，可以拖动文本输入框上的 4 个控制点，调整后的文本，如图 2-121 所示。

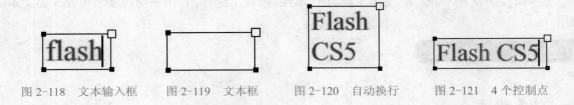

图 2-118　文本输入框　　图 2-119　文本框　　图 2-120　自动换行　　图 2-121　4 个控制点

◆　总结提升

在文本框内输入文本时，要注意根据需要调整文本的范围。

任务 2.6.2　设置文本属性

✳　任务描述

上一任务学习了如何添加文本文字的方法，本任务将制作一篇带有投影及发光效果的诗篇文本，如图 2-122 所示。

◎　学习目标

掌握文本的相关属性的设置，包括字体、大小、颜色、对齐方式、段落格式等一系列参数的设置。

【分析与设计】

制作如图 2-122 所示的一篇带有投影及发光效果的诗篇文本，首先需要设定好文本的版式、字体大小、字体颜色等。输入完毕后，添加投影及发光滤镜，完成显示效果。

【操作步骤】

（1）新建一个 Flash 文档，所有属性使用默认设置。

图 2-122　诗篇文本

（2）选择"文本工具"，设置文本的版式为"垂直"，字体大小为30，字体颜色为"FF0000"，在舞台上拖动鼠标添加文本框。

（3）复制著名唐代诗人李白的《送孟浩然之广陵》，粘贴进文本框内，自动形成垂直文本效果。

（4）使用"选择工具"选取文本框，打开其"属性"面板，给文本框添加投影及滤镜效果，属性值为默认。

（5）按 Ctrl+Enter 键测试效果。

◇ 总结提升

文本属性的设置，需要在"文本工具"的"属性"面板上进行，详细使用可参考单元5的文本应用。

任务 2.6.3　其他功能

❋ 任务描述

制作一幅如图 2-123 所示带有渐变色效果的文本。

◎ 学习目标

图 2-123　渐变色文本

掌握制作特殊效果文本的步骤及注意事项。

【分析与设计】

制作渐变色的文本图形，首先需要把文本转换成矢量图，然后进行渐变填充，形成渐变色文字。

【操作步骤】

（1）新建一个 Flash 文档，所有属性使用默认设置。

（2）选择"文本工具"，字体大小为 90，字体颜色任意。往舞台上输入文本。

（3）选择"选取工具"选取文本，单击菜单栏"修改"→"分离"命令或按 Ctrl+B 键，此时文本内容将分成若干个文本字段，再执行一次"分离"命令，把文本转为矢量图。

（4）选取已转变为矢量图的文本。

（5）选取"填充工具"，打开"颜色"面板，设置如图 2-124 所示参数。

（6）在文字矢量图上，拖曳鼠标，如图 2-125 所示。产生渐变效果，最终效果。

在本任务中的 4 个文字显得较细，若要使它变粗，可以执行"修改"→"形状"→"扩展填充"命令，如图 2-126 所示。在"距离"文本框中输入具体扩展的像素值，如图 2-127 所示。最终效果如图 2-128 所示。

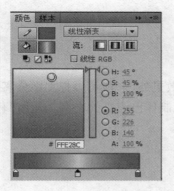

图 2-124　"颜色"面板

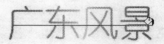

图 2-125　填充渐变

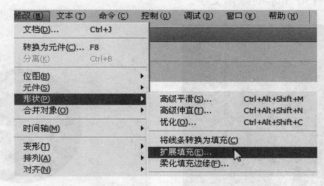

图 2-126　扩展填充命令

图 2-127　"扩展填充"对话框

图 2-128　最终效果图

◇　**总结提升**

　　要想把文字填充为渐变色,首先需要把文字转变为矢量图,这样文本就成了矢量图,再使用"填充工具"等绘图工具进行相应的操作。特别注意的是,把文本转为矢量图后,就再也转不回文本了。

　　矢量图是根据几何特性来绘制图形,矢量可以是一个点或一条线,因为这种类型的图像文件包含独立的分离图像,可以自由、无限制的重新组合。它的特点是放大后图像不会失真,和分辨率无关,文件占用空间较小,适用于图形设计、文字设计和一些标志设计、版式设计等。因此,在 Flash 中制作一些特殊效果的文本,经常需要把文本转换为矢量图。

小 结

要设计出具有特殊效果的文字，除了使用提供的滤镜效果外，一般可以把文字分离，转为矢量图，在矢量图的基础上结合颜色、形状变化等操作，可以制作出漂亮的文字。使用"任意变形工具"可以把文字调整到所需的效果。

技能训练

1. 制作出如图 2-129 所示的螺旋文字效果（文字在素材文件中）。
2. 制作出如图 2-130 所示的球体文字。

图 2-129　螺旋文字效果　　　　　　　　　　图 2-130　球体文字

单元 3

基本动画 / 元件、实例和库

活动 3.1　图层及帧的基本操作

Flash CS5 中图层的概念和 Photoshop 中一样，它就像一层透明的纸，在每一层上可以放置不同的图形，它们之间互不影响，并且可以在每个图层上绘制不同的对象或进行独立的编辑和修改。

任务 3.1.1　图层的基本操作

在制作动画的过程中，一个图层是远远不够的，常常需要为一个动画创建多个图层，在不同的图层中制作不同的动画，各个图层的动画组合在一起就形成了复杂的动画效果。

✳ **任务描述**

创建图层、更改图层名称、锁定图层、显示和隐藏图层、改变图层的排列顺序和使用图层文件夹对图层进行管理。

◎ **学习目标**

了解图层在动画制作中的作用，掌握图层的操作与管理。

【分析与设计】

通过使用图层文件夹可实现对图层的管理。

【操作步骤】

（1）新建一个 Flash CS5 AS 2.0 文档，舞台大小设定为"400×400 像素"。

（2）执行"文件"→"导入"→"导入到库..."命令，在弹出的对话框中选择名为"玫瑰花"的文件夹，将 4 个文件全部选定，单击"打开"按钮，将 4 个图片文件全部导入到库。单击 ， 出现如图 3-1 所示的"库"面板。

（3）将库中的图形元件"元件 1"拖入舞台，利用"对齐"面板设置"对齐"为"水平中齐"，"分布"为"垂直居中分布"。

（4）双击图层名称"图层 1"，将名称改为"玫瑰花 1"并锁定。

（5）单击"时间轴"面板中的"新建图层"按钮 ，在图层"玫瑰花 1"上新建"图层 2"，将"图层2"改名为"玫瑰花2"。将图形元件"元件2"拖入舞台，按照步骤(3)的方法设置对齐方式。

（6）按步骤(5)的方法依次新建图层"玫瑰花3"、"玫瑰花4"，并在库中分别拖入"元件3"、"元件4"，顺序如图3-2所示，可以看出排列在上面图层的图片会遮挡住下面图层的图片。

图3-1 "库"面板

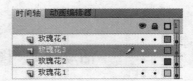

图3-2 图层的顺序

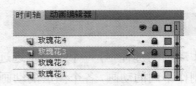

图3-3 图层的锁定

（7）单击"时间轴"面板中的"锁定或解除所有图层"按钮 🔒，将全部图层锁定，如图3-3所示。（注：全部锁定后对所有的图层都不能进行编辑，如果需对图层"玫瑰花3"进行编辑，单击其后的按钮 🔒 即可解除锁定。）

（8）单击"时间轴"面板中的"显示或隐藏所有图层"按钮 👁，即可隐藏所有图层所在的对象，如图3-4所示。（注：如果需显示图层"玫瑰花3"上的对象，单击其后的按钮 ✕ 即可，如需全部显示则再次单击按钮 👁 即可。）

（9）全部解除锁定和隐藏，将图层的顺序调节成如图3-5所示。（方法：按住鼠标左键拖动到所在位置即可。）利用"任意变形工具"调节图形的大小，效果如图3-6所示。

（10）单击"时间轴"面板上的"新建文件夹"按钮 📁，创建一个图层文件夹，将文件夹名称改名为"玫瑰花"，并将4个图层分别拖入文件夹中，如图3-7所示。

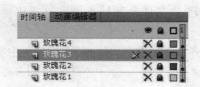

图3-4 图层的隐藏

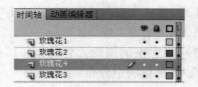

图3-5 解除锁定和隐藏

图 3-6 图层效果图

图 3-7 图层文件夹

◇ **总结提升**

图层的操作是动画制作中的一项基本操作,它按照建立的先后顺序,由下至上统一放置在"时间轴"面板中,最先建立的图层放置在最下面,如果用户需要调整其顺序,可以通过拖曳调整图层的顺序。

小　结

本活动主要介绍了图层的基本概念、图层的操作和图层的管理三个内容;而图层的操作是最为重要的内容,它关系到今后制作动画的质量的高低;因此创建图层的时候,一定要进行命名,才不会在制作的过程中迷失方向。

✾ **技能训练**

1. 创建图层文件夹"杜鹃花",并将杜鹃花文件夹中的图片导入后放入相应的图层中。
2. 创建图层文件夹"牡丹花",并将杜鹃花文件夹中的图片导入后放入相应的图层中。

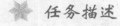　**帧的基本操作**

✽ **任务描述**

通过对帧的操作,了解帧的种类和帧的操作方法。

⊙ **学习目标**

(1) 熟悉不同类型帧的表现形式。
(2) 掌握帧的选择方法。

（3）掌握帧的移动、复制及插入不同类型帧的方法。

【分析与设计】

帧是组成 Flash 动画最基本的单位，通过插入不同类型的帧以及在不同的帧中放置不同的动画元素，对这些帧进行连续播放时，就可以实现 Flash 动画效果。

【操作步骤】

（1）打开"源文件 \ 单元 3"中的文件"3.2.fla"，了解帧的种类，如图 3-8 所示。

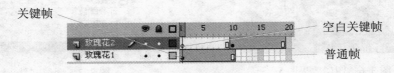

图 3-8　帧的种类

① 关键帧 █：用实心的圆圈来表示，即图层"玫瑰花 1"的第 1 帧和图层"玫瑰花 2"的第 10 帧。

② 普通帧 □：用一个灰色矩形来表示。在关键帧右边浅灰色背景的单元格是普通帧，它的内容与左边的关键帧的内容一样。从图中可以看出，图层"玫瑰花 1"的第 2 ～ 10 帧和图层"玫瑰花 2"的第 11 ～ 19 帧都是普通帧，这样做的目的是为了延长帧中动画的播放时间。

③ 空白关键帧 ○：用一个空心圆来表示，表示该关键帧中没有任何内容。如图层"玫瑰花 2"中第 1 帧是空白关键帧。

（2）选定帧的方法。

① 单帧的选定：单击图层"玫瑰花 2"中第 10 帧，如图 3-9 所示。

② 连续多帧的选定：单击图层"玫瑰花 1"中的第 1 帧，按住 Shift 键后再单击第 10 帧，即可选定第 1 ～ 10 帧，如图 3-10 所示。

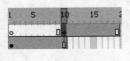

图 3-9　单帧的选定

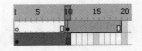

图 3-10　连续多帧的选定

③ 不连续多帧的选定：单击图层"玫瑰花 2"，先选定第 10 帧，然后按住 Ctrl 键，单击第 13、15 帧，即可选定第 10、13、15 帧，如图 3-11 所示。

（3）移动帧：选定图层"玫瑰花 2"中的第 10 ～ 19 帧，按住鼠标左键将其拖至第 11 ～ 20 帧处，如图 3-12 所示。

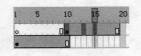

图 3-11　不连续多帧的选定

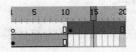

图 3-12　帧的移动

（4）复制帧：选定第 11 ～ 20 帧，在选定的范围内单击鼠标右键，在弹出的快捷菜单中选择"复制帧"命令，右单击第 21 帧，在弹出的快捷菜单中选择"粘贴帧"命令，完成选定帧的复制,如图 3-13 所示。

（5）插入帧。

① 插入普通帧：单击图层"玫瑰花 1"第 15 帧,按 F5 键,即插入了 5 帧普通帧,如图 3-14 所示。

图 3-13 帧的复制 　　　　　　　　　　　　图 3-14 普通帧的插入

② 插入关键帧：单击图层"玫瑰花 1"第 20 帧,按 F6 键,即在第 20 帧处插入了一个关键帧,插入后可对插入的关键帧中的内容进行调整,如图 3-15 所示。

③ 插入空白关键帧：可将该帧后面的内容清除（关键帧除外）,或对两个补间动画进行分隔。选择图层"玫瑰花 2"中的第 15 帧,按 F7 键,即可插入一空白关键帧,如图 3-16 所示。

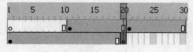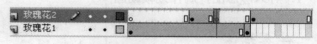

图 3-15 插入关键帧 　　　　　　　　　　　图 3-16 插入空白关键帧

（6）清除帧：用于将选中帧所对应的内容清除,但继续保留该帧所在的位置,如果是普通帧或关键帧,执行清除帧命令后,将转换为空白关键帧。选择图层"玫瑰花 1"中的第 11 帧,单击右键后,在弹出的快捷菜单中选择"清除帧"命令,效果如图 3-17 所示。

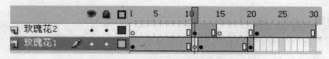

图 3-17 清除帧

◆ 总结提升

插入的帧方法有：普通帧（F5）、关键帧（F6）、空白关键帧（F7）。帧的选择可分为单帧的选择、不连续多帧的选择和连续多帧的选择。帧的移动可分为单帧的移动和连续多帧的移动。插入帧、清除帧等操作可以通过执行快捷菜单相关的命令来完成。

小　　结

本活动主要介绍了帧的类型、帧的操作两个内容,其中帧的操作涉及的命令较多,在运用的过程中应根据需要有针对性地选择相应的命令,辨别各命令的实质,切实提高制作动画的效率。

技能训练

结合上面的例子,通过分别执行快捷菜单中的"插入帧"、"删除帧"、"插入关键帧"、"插入空白关键帧"、"清除关键帧"、"转换为关键帧"、"转换为空白关键帧"、"剪切帧"、"复制帧"、"粘贴帧"、"清除帧"、"选择帧"命令,达到灵活运用的效果。

活动 3.2 基本动画制作

在 Flash CS5 中基本动画的类型主要有:逐帧动画、传统补间动画、补间形状动画和补间动画 4 种。

任务 3.2.1 制作逐帧动画

逐帧动画是指由许多连续的关键帧组成的动画,它适合于每一关键帧中的图像都有所改变、表演细腻的动画,如动画片中人的行走、转身等动作。本任务将介绍两种创建逐帧动画的途径。

1. 导入静态图片制作逐帧动画

✿ **任务描述**

制作风云变幻效果的逐帧动画。

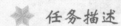 **学习目标**

(1) 了解图片的导入。
(2) 了解运用"对齐"面板设置图片的对齐方式。
(3) 掌握插入关键帧与插入空白关键帧的区别。

【分析与设计】

将图片导入到库后按照图片的顺序逐一从库中拖曳至所对应的空白关键帧处,完成逐帧动画的制作。

【操作步骤】

(1) 新建一个 Flash CS5 AS 2.0 文档,舞台大小设定为"490×95 像素"。

(2) 执行"文件"→"导入"→"导入到库 ..."命令,在弹出的对话框中选择"素材 \ 单元 3\3.3\ 天空图片",将所有的文件全部选中,单击"打开"按钮,可将所有的文件全部导入到库中。

(3) 在第 1 帧中将库中"image2.jpg"拖曳到舞台,打开"对齐"面板,选中"与舞台对齐"复选框,设置"对齐"为"水平中齐","分布"为"垂直居中分布"。

(4) 在第 2 帧中插入空白关键帧,将库中"image3.jpg"拖入舞台中,打开"对齐"面板,选中"与舞台对齐"复选框,设置"对齐"为"水平中齐","分布"为"垂直居中分布"。

(5) 按照步骤(4)的方法,依次将"image4.jpg"～"image41.jpg"分别拖入第 3～40 帧。

(6) 测试影片,即可看到"风云变幻的天空"动画效果,如图 3-18 所示。

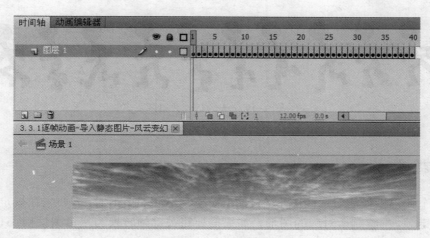

图 3-18　风云变幻效果图

◇　**总结提升**

运用静态图片制作逐帧动画应将图片依次放置在连续的关键帧中。由于各张静态图片只有较细微的差别，一定要设置好对齐方式。如果需要延长各关键帧的播放时间，可以在其后插入普通帧。

2. 绘制矢量图制作逐帧动画

✻　**任务描述**

运用绘制矢量图的方法，制作人的行走逐帧动画。

❂　**学习目标**

掌握利用"椭圆工具"和"线条工具"绘制图形。

【分析与设计】

分别运用"线条工具"绘制四肢和躯干、用"椭圆工具"绘制头部，注意插入空白关键帧。

【操作步骤】

（1）新建一个 Flash CS5 AS 2.0 文档，舞台大小设定为"100×100 像素"。

（2）利用"椭圆工具"绘制人的头部，选择"线条工具"，将"笔触"设定为"10"，依照第一幅图绘制躯干、手、脚。

（3）在第 4、7、10、13、16、19、22、25、28 帧处插入空白关键帧，按步骤（2）的方法在所对应的空白关键帧处绘制第 2 ～ 10 幅图。

（4）测试影片，即可实现人行走的动画效果，如图 3-19 所示。

图 3-19　人的行走效果图

◇ **总结提升**

由于每个关键帧处所对应的图形都不同，在绘制不同的图形时，需要先在规定的时间轴上插入空白关键帧，再绘制所对应的图形。如果需要将关键帧转换为空白关键帧，只需要将关键帧处的图形删除即可。

任务 3.2.2　制作传统补间动画

传统补间动画是在两个关键帧之间建立一种运动补间关系，可以通过改变对象的大小、位置、颜色、透明度、旋转、倾斜和滤镜参数来制作各种动画效果。

构成动作补间动画的对象包括元件、文字、位图、组等，但不能是形状，只有把形状组合成"组"或转换成"元件"后才可以成为传统补间动画中的"演员"。

✳ **任务描述**

制作具有淡入淡出效果、移动效果、缩放效果、旋转效果、颜色变幻效果的杜鹃花图片画册。

◉ **学习目标**

（1）了解图片文件的导入。
（2）了解图形元件的转换。
（3）掌握帧、关键帧、空白关键帧插入的方法。
（4）掌握新建图层及图层的重命名。
（5）掌握透明度、位置、旋转、色调的设置。

【分析与设计】
（1）设置 2 个关键帧处所对应元件的不同 Alpha 值来实现图片的淡入淡出效果。
（2）设置 2 个关键帧处所对应元件的不同位置来实现图片的移入效果。
（3）设置 2 个关键帧处所对应元件的不同的大小来实现图片的缩放效果。
（4）设置 2 个关键帧间放置的次数来实现图片的旋转效果。
（5）设置 2 个关键帧处所对应元件的不同色调来实现图片的颜色变幻效果。

【操作步骤】

（1）新建一个 Flash CS5 AS 2.0 文档，舞台大小设定为"400×400 像素"。

（2）执行"文件"→"导入"→"导入到库"命令，导入路径为"素材 / 单元 3/3.3/ 杜鹃花"中的素材图片，如图 3-20 所示。

（3）将库中的图片"杜鹃花 1.png"拖至舞台中，利用"对齐"面板设置对齐方式，使之与舞台大小完全重合，如图 3-21 所示。

（4）将杜鹃花 1 图片选中，按 F8 键将其转换成名为"杜鹃花 1"的图形元件，如图 3-22 所示。

（5）在第 10 帧中按 F6 键插入关键帧，选中第 1 帧中的图片，然后在"属性"面板的"色彩效果"区域中单击"样式"下拉按钮，在其下拉列表框中选择"Alpha"选项，将"Alpha"值设为"0%"，如图 3-23 所示。

图 3-20　导入后库中的素材图片

图 3-21　调整杜鹃花 1 图片

图 3-22　转换为图形元件

图 3-23　设置透明度

（6）选中第 1 ～ 10 帧中的任意一帧，单击鼠标右键，在弹出的快捷菜单中执行"创建传统补间"命令，创建图片淡入的效果。

（7）新建图层 2，将其改名为"花 2"，在第 11 帧处插入空白关键帧。

（8）将库中的图片"杜鹃花 2.png"拖至舞台中，利用对齐面板设置对齐方式，使之与舞台大小完全重合。

（9）将图片"杜鹃花2"选中，按F8键将其转换成名为"杜鹃花2"的图形元件。

（10）在第20帧中按F6键插入关键帧，选中第20帧中的图片，然后在其"属性"面板的"色彩效果"区域中单击"样式"下拉按钮，在其下拉列表框中选择"Alpha"选项，将"Alpha"值设为"0%"。

（11）选中第11～20帧中的任意一帧，单击鼠标右键，在弹出的快捷菜单中执行"创建传统补间"命令，创建图片淡出的效果，如图3-24所示。

（12）新建图层3，将其改名为"花3"，在第21帧处插入空白关键帧。

（13）将库中的图片"杜鹃花3.png"拖至舞台中，利用"对齐"面板设置对齐方式，使之与舞台大小完全重合。

（14）将图片"杜鹃花3"选中，按F8键将其转换成名为"杜鹃花3"的图形元件。

（15）在第30帧处插入关键帧，选中第21帧中的图片，按住"Shift"键后将其拖至舞台左侧之外的区域。

（16）选中第21～30帧中的任意一帧，单击鼠标右键，在弹出的快捷菜单中执行"创建传统补间"命令，创建图片移入的效果，如图3-25所示。

图3-24　淡出效果图

图3-25　移入效果图

（17）新建图层 4，将其改名为"花 4"，在第 31 帧处插入空白关键帧。

（18）将库中的图片"杜鹃花 4.png"拖至舞台中，利用对齐面板设置对齐方式，使之与舞台大小完全重合。

（19）将图片"杜鹃花 4"选中，按 F8 键将其转换成名为"杜鹃花 4"的图形元件。

（20）在第 40 帧处插入关键帧，选中第 31 帧中的图片，执行"窗口"→"变形"命令，弹出"变形"面板，在该面板中对长宽缩放比例进行约束，缩放比例为"30%"，如图 3-26 所示。

图 3-26 设置缩放比例

（21）选中第 31～40 帧中的任意一帧，单击鼠标右键，在弹出的快捷菜单中执行"创建传统补间"命令，创建图片逐渐放大的效果，如图 3-27 所示。

（22）新建图层 5，将其改名为"花 5"，在第 41 帧处插入空白关键帧。

（23）将库中的图片"杜鹃花 5.png"拖至舞台中，利用"对齐"面板设置对齐方式，使之与舞台大小完全重合。

图 3-27 放大效果图

（24）将图片"杜鹃花 5"选中，按 F8 键将其转换成名为"杜鹃花 5"的图形元件。

（25）在第 50 帧处插入关键帧，选中第 41～50 帧中的任意一帧，单击鼠标右键，在弹出的快捷菜单中执行"创建传统补间"命令。

（26）在"属性"面板的"补间"区域单击"旋转"下拉按钮，在其下拉列表框中选择"顺时针"选项，将值设为"1"，如图 3-28 所示，实现旋转效果。

（27）新建图层 6，将其改名为"花 6"，在第 51 帧处插入空白关键帧。

（28）将库中的图片"杜鹃花 6.png"拖至舞台中，利用"对齐"面板设置对齐方式，使之与舞台大小完全重合。

（29）将图片"杜鹃花 6"选中，按 F8 键将其转换成名为"杜鹃花 6"的图形元件。

（30）在第 60 帧中按 F6 键插入关键帧，选中第 51 帧中的图片，然后在其"属性"面板的"色彩效果"区域中单击"样式"下拉按钮，在其下拉列表框中选择"色调"选项，将"色调"、"红"、"绿"、"蓝"值分别设为"50%"、"119"、"116"、"123"，如图 3-29 所示。

（31）选中第 51～50 帧中的任意一帧，单击鼠标右键，在弹出的快捷菜单中执行"创建传统补间"命令，实现颜色变幻的效果。

（32）选中全部图层的第 70 帧，按 F5 键插入帧，如图 3-30 所示。

图 3-28　旋转方向及次数设置

图 3-29　色调的设置

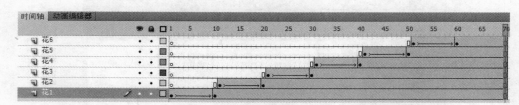

图 3-30　全部帧的效果图

（33）按 Ctrl+Enter 键预览最终效果，总的效果如图 3-31 所示。

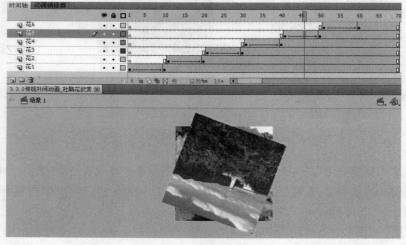

图 3-31　总的效果图

◇　**总结提升**

　　●▶━━━━━━━━▶表示成功创建传统补间动画,背景为淡紫色;●············表示中间的过渡存在错误,创建传统补间动画不成功。创建传统补间动画时,只需要改变两关键帧中任意一个所对应的元件的属性(Alpha、大小、位置、亮度、色调、旋转等),中间过程由 Flash 自动完成。在设置关键帧所对应元件的属性时,可以改变一个属性,也可以同时改变多个属性值,如大小、位置、Alpha 可同时改变。

任务 3.2.3　制作形状补间动画

　　形状补间动画是指由一种形状变为另一种形状的动画,它只需要确定前后两个关键帧的画面,中间的变化过程由 Flash 自动完成。创建成功后,背景色为淡绿色。如果是在文字或元件间的创建形状补间动画,需要将其进行分离后才能创建形状补间动画。

✱　**任务描述**

　　制作一个具有白云和文字变幻的动态相框。

✿　**学习目标**

　　(1) 了解图形文件的导入。
　　(2) 掌握矩形的绘制。
　　(3) 掌握位图的分离。
　　(4) 掌握形状提示点的添加方法及移动。
　　(5) 掌握文本的输入及其分离。
　　【分析与设计】
　　(1) 利用形状补间动画制作动态的相框。
　　(2) 利用形状补间动画制作白云的变幻。
　　(3) 利用形状补间动画制作文字间的变幻。
　　【操作步骤】
　　(1) 新建一个 Flash CS5 AS 2.0 文档,舞台大小设定为"700×500 像素"。
　　(2) 导入路径为"素材 / 单元 3/3.3/ 形状补间"下的 3 个图片文件,将文件名为"蓝天白云 .jpg"图片文件拖至舞台,打开"对齐"面板,选中"与舞台对齐"复选框,设置对齐方式为"水平中齐"和"垂直中齐",匹配大小设置为"匹配宽度和高度",使其与舞台完全匹配。
　　(3) 在第 120 帧处插入帧,将"图层 1"命名为"背景"并锁定,新建图层 2,命名为"上框线"。
　　(4) 在舞台的左上角利用"矩形工具"绘制一个"笔触颜色"为"无","填充颜色"为"#9900FF","宽"为"50","高"为"20",X、Y 的值都为"0"的矩形。

（5）在第15帧处插入关键帧，将矩形的宽设置为"700"，在第1帧和第15帧之间单击右键，在弹出的快捷菜单中执行"创建补间形状"命令，即可创建形状补间动画，如图3-32所示。

图3-32 上框线的变化

（6）新建图层并命名为"右框线"，在第16帧处插入空白关键帧，在舞台的右上角利用"矩形工具"绘制一个"笔触颜色"为"无"，"填充颜色"为"#9900FF"，"宽"为"20"，"高"为"50"，"X"为"680"，"Y"为"20"的矩形。

（7）在第30帧处插入关键帧，将矩形的高设置为"480"，其他值保持不变。在第16帧和第30帧之间单击右键，在弹出的快捷菜单中执行"创建补间形状"命令，即可创建形状补间动画，如图3-33所示。

图3-33 右框线的变化

（8）新建图层并命名为"下框线"，在第31帧处插入空白关键帧，在舞台的右下角利用"矩形工具"绘制一个"笔触颜色"为"无","填充颜色"为"#9900FF","宽"为"50","高"为"20","X"为"630","Y"为"480"的矩形。

（9）在第 45 帧处插入关键帧，将矩形的"宽"设置为"680"，"高"为"20"，"X"为"0"，"Y"为"480"。在第 31 帧和第 45 帧之间单击右键，在弹出的快捷菜单中执行"创建补间形状"命令，即可创建形状补间动画，如图 3-34 所示。

图 3-34　下框线的变化

（10）新建图层并命名为"左框线"，在第 46 帧处插入空白关键帧，在舞台的左下角利用"矩形工具"绘制一个"笔触颜色"为"无"，"填充颜色"为"#9900FF"，"宽"为"20"，"高"为"50"，"X"为"0"，"Y"为"430"的矩形。

（11）在第 60 帧处插入关键帧，将矩形的宽设置为"20"，"高"为"460"，"X"为"0"，"Y"为"20"。在第 46 帧和第 60 帧之间单击右键，在弹出的快捷菜单中执行"创建补间形状"命令，即可创建形状补间动画，如图 3-35 所示。

图 3-35　左框线的变化

（12）新建图层并改名为"白云"，在第 61 帧处插入空白关键帧，将库中的"白云 .png"图片拖入舞台的左上方，在第 75 帧处插入关键帧，将图片移至右上方，创建第 61 ～ 75 帧处的传统补间动画，如图 3-36 所示。

图 3-36　创建"白云"传统补间动画

（13）在"白云"图层的第 76 帧处插入关键帧，连续两次执行"修改"→"分离"命令，将"白云"图形元件分离，用"魔术棒"将周围多余部分选取后删除，用"橡皮擦工具"将周围多余部分擦除。

（14）在第 90 帧处插入空白关键帧，将库中的"心形白云 .png"图片文件拖入舞台并调节大小，执行"修改"→"分离"命令，将"心形白云"图形元件分离，用"魔术棒"将周围多余部分选取后删除，用"橡皮擦工具"将周围多余部分擦除。

（15）在第 76 ～ 90 帧处单击右键，在弹出的快捷菜单中执行"创建形状补间"命令，拖动"播放头"，可看到变形时杂乱无章。

（16）选择第 76 帧处的"白云"图形，连续 9 次执行"修改"→"形状"→"添加形状提示"命令或按 Ctrl+Shift+H 快捷键，添加 9 个形状提示符，拖动提示符到如图 3-37 所示的位置。

（17）选择第 90 帧处的"心形白云"图形，拖动提示符到如图 3-38 所示的位置，经过形状提示符的设置，可看到变形时已经较有规律了。

（18）新建图层并命名为"文字"，在第 91 帧处插入空白关键帧，运用"文本工具"在舞台的左下角输入"大小"为"100"，"字体"为"黑体"，"颜色"为"白色"的文字"蓝天"，连续两次执行"修改"→"分离"命令，将字分离。

图 3-37　提示符位置设置

图 3-38　提示符位置设置

（19）在第 105 帧处插入空白关键帧，在上述相同位置输入文字"白云"，执行两次"分离"命令。

（20）在第 91 ～ 105 帧处创建形状补间，即完成文字的变形。

（21）最后图层及效果如图 3-39 所示。

图 3-39　图层及效果展示图

◇ 总结提升

●━━━━━━→□表示成功创建形状补间动画，背景为浅绿色。形状补间是矢量图形之间的变形补间动画，这种补间动画改变了图本身的性质。创建形状补间动画的关键点在于前后两关键帧处的对象都为形状，如果是元件、位图、文字，需要将其打散后才能成功创建形状补间动画。如果前后两个图形的变化差异比较大，需要使用"添加形状提示"命令来添加形状提示符，使其变化具有一定的规律性。

任务 3.2.4　制作补间动画

在 Flash CS5 中，补间动画与传统补间动画有所不同，它是一种全新的动画制作模式，它的特点是不需要插入关键帧就能够自动记录动画的关键帧，可以对每一帧中的对象进行编辑，从而让制作动画更加方便、快捷。

✳ 任务描述

通过运用补间动画来制作足球的弹跳。

☯ 学习目标

（1）了解图片的导入。

（2）掌握补间动画的创建。

（3）掌握关键帧处对象位置的改变。

（4）掌握运动路径的调整。

【分析与设计】

（1）确定帧的总数，即最后一帧应插入普通帧。

（2）创建补间动画。

（3）确定各关键帧在时间轴上的位置并改变对象的属性。

（4）运用"选择工具"改变路径的形状。

【操作步骤】

（1）新建一个 Flash CS5 AS 2.0 文档，舞台大小设定为"700×500 像素"。

（2）导入路径为"素材 / 单元 3/3.3/ 补间动画"下的 2 个图片文件到库中，这时系统自动创建"球 .png"图片文件所对应的图形元件，将其命名为"球"。

（3）将文件名为"草地.jpg"图片文件拖至舞台，打开"对齐"面板，选中"与舞台对齐"复选框，设置对齐方式为"水平中齐"和"垂直中齐"，匹配大小设置为"匹配宽度和高度"，使其与舞台完全匹配。

（4）在第 50 帧处按 F5 键插入帧，将"图层 1"命名为"背景"并锁定。

（5）新建图层 2，命名为"足球"。

（6）将库中名为"球"的图形元件拖入舞台，运用"任意变形工具"将其缩小，并将其拖至背景图片的左上方。

（7）在第 50 帧处按 F5 键插入帧。

（8）在图层"球"中的第 1 ～ 50 帧中的任意一帧，单击鼠标右键，在弹出的快捷菜单中执行"创建补间动画"命令，这时第 1 ～ 50 帧处的时间轴底纹变成了浅蓝色，如图 3-40 所示。

（9）选择第 10 帧，移动足球，改变其位置，如图 3-41 所示。

图 3-40 足球定位及创建补间动画

图 3-41 第 10 帧足球的位置

（10）分别选择第 20、30、40、50 帧，拖动"足球"改变其位置，如图 3-42 所示。

（11）利用"选择工具"对关键帧间的路径进行调整，如图 3-43 所示。如有必要，可采用"部分选择工具"对路径进一步细调整。

图 3-42 调整各关键帧处足球的位置

图 3-43 调整运动路径

（12）按 Ctrl+Enter 键预览动画效果。

◆ **总结提升**

插入关键帧时可及时确定所需要改变的属性,可在插入关键帧的时间轴位置上单击右键,在弹出的快捷菜单中选择"插入关键帧",在出现的子菜单中会出现"位置、缩放、倾斜、旋转、颜色、滤镜"命令。在改变某个关键帧所对应元件的属性如大小、透明度时,后面关键帧的所对应的元件属性也会发生相应的改变。

小 结

本活动介绍了 4 种基本动画类型:逐帧动画、传统补间动画、形状补间动画和补间动画,通过生动的实例,并且配以针对性的练习,希望读者能够对其基本概念和制作的方法和技巧有所帮助。这 4 种基本动画类型,是我们制作复杂动画的基础。一个复杂的动画,是由多个基本动画组合而成。因此,读者在以后的学习过程中,应加强基础训练,从而制作出绚丽多彩的动画效果。

✦ **技能训练**

1. 导入"素材 / 逐帧动画的制作 / 倒计时"中的图片文件,制作倒计时动画,效果如图 3-44 所示。

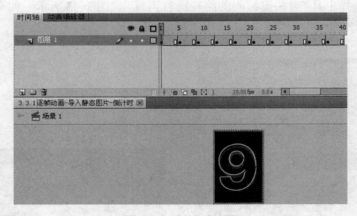

图 3-44 倒计时效果

2. 绘制下列矢量图并实现人做转身的动画效果,如图 3-45 所示。

3. 打开"源文件 / 单元 3/3.3.2 传统补间动画 _banner 的制作(未完成).fla"文件,制作出如"3.3.2 传统补间动画 _banner.swf"文件所示的效果,如图 3-46 所示。

图 3-45 人的转身效果图

图 3-46 效果图

4. 制作如图 3-47 所示的风吹蜡烛效果动画。

图 3-47 各关键帧的形状

5. 实现足球向远方飞走和从远方飞回来的效果，如图 3-48 所示。

图 3-48 效果图

活动 3.3 元件的创建

　　元件是 Flash 中可以多次使用的对象，它具有唯一的时间轴，可以由多图层组成。按照其功能可分为三种类型：图形元件、影片剪辑元件和按钮元件。

任务 3.3.1 图形元件及其创建

　　图形元件大多数场合用于反复使用的图形，通常用于静态的图像或简单的动画，其时间轴和影片场景的时间轴同步运行，创建图形元件的方法有两种：一种是新建一个空白图形元件，在其编辑窗口中进行操作；另一种是将当前工作区中的对象选定后直接转换为图形元件。

　　如果需要对元件所对应的实例进行编辑时，可进入编辑模式对应进行编辑。

✿ **任务描述**

制作俄罗斯方块游戏中各种类型的方块及背景，实现模拟效果。

◎ 学习目标

（1）创建图形元件的方法。

（2）图形元件的多次利用。

（3）传统补间动画创建的方法。

【分析与设计】

（1）运用"矩形工具"绘制空心正方形和实心正方形。

（2）运用空心正方形组成背景图、实心正方形组成各种形状的方块。

（3）创建传统补间动画实现方块的移动效果。

【操作步骤】

（1）新建一个 Flash CS5 AS 2.0 文档，舞台大小设定为"500×500 像素"，其余选项为默认。

（2）执行"插入"→"新建元件"命令，弹出"创建新元件"对话框，在"名称"文本框中输入"空心正方形"，"类型"为"图形"，如图 3-49 所示。单击"确定"按钮进入图形元件编辑模式。

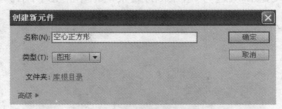

图 3-49　创建图形元件

（3）在工具面板中单击"矩形工具"，在属性面板中的"填充与笔触"区域中将笔触颜色设置为"绿色"，填充颜色为无，"笔触大小"为"2"，"矩形选项"区域中设置"矩形边角半径"为"2"，如图 3-50 所示。绘制一个大小为"50×50"的圆角正方形。

（4）按步骤（2）至步骤（3）的方法，绘制一个名为"实心正方形"，大小为"50×50"实心绿色圆角正方形图形元件。

（5）新建一个名称为"背景"的图形元件，从库中拖曳名为"空心正方形"的元件到舞台，组成如图 3-51 所示的图形。

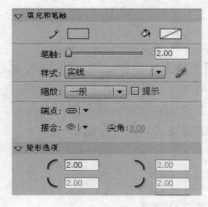

图 3-50　背景图形元件

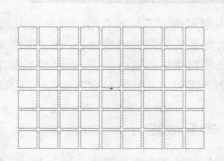

图 3-51　正方形属性的设置

（6）新建一个名为"方块 1"的图形元件，从库中拖出名为"实心正方形"的元件到舞台，组成如图 3-52 所示的图形。

（7）按照步骤（6）的方法分别创建名称为"方块 2"、"方块 3"、"方块 4"的图形元件，如图 3-53、图 3-54、图 3-55 所示。

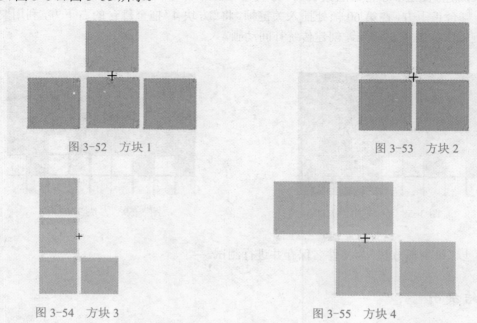

图 3-52　方块 1　　　　　　　　　　　　　图 3-53　方块 2

图 3-54　方块 3　　　　　　　　　　　　　图 3-55　方块 4

（8）回到场景 1，将场景背景颜色设置为"黑色"，将"图层 1"改名为"背景"。

（9）将库中名为"背景"的图形元件拖至舞台，利用"对齐"面板设置对齐方式为"水平中齐"和"底对齐"，在第 75 帧处插入普通帧。

（10）新建"图层 2"，将图层改名为"方块 1"，从库中将"方块 1"图形元件拖至舞台正上方，在第 15 帧处插入关键帧，并将"方块 1"拖至舞台的左下方，如图 3-56 所示。创建传统补间动画，在属性面板中设置旋转为"顺时针"，次数为"1"。

（11）新建"图层 3"，将图层改名为"方块 2"，在第 16 帧处插入空白关键帧，从库中将"方块 2"拖至舞台正上方，在第 30 帧处插入关键帧，将"方块 2"拖至"方块 1"的右边，如图 3-57 所示，创建传统补间动画。

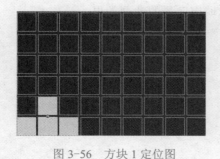

图 3-56　方块 1 定位图

图 3-57　方块 2 定位图

（12）新建"图层4"，将图层改名为"方块3"，在第31帧处插入空白关键帧，从库中将"方块3"拖至舞台正上方，在第45帧处插入关键帧，将"方块3"拖至舞台的右下方，利用"任意变形工具"旋转成如图3-58所示，创建传统补间动画。

（13）新建"图层5"，将图层改名为"方块4"，在第46帧处插入空白关键帧，从库中将"方块4"拖至舞台正上方，在第60帧处插入关键帧，将"方块4"拖至舞台的右下方，利用"任意变形工具"旋转成如图3-59所示，创建传统补间动画。

图3-58　方块3定位

图3-59　方块3定位图

（14）以"俄罗斯方块"为文件名保存并进行测试。

◇　**总结提升**

图形元件的创建可以运用绘图工具进行绘制，也可以将导入的图片转换成图形元件。图形元件可重复使用，如制作各种方块时可多次使用实心正方形元件，即可以多重嵌套。当图形元件是一段小动画时，其时间轴与场景中的主时间轴是同步的，不能独立播放。

任务 3.3.2　影片剪辑元件及其创建

影片剪辑元件是功能和用途最广泛的一种元件，它本身是一段小动画，可以独立地进行播放，它的时间轴不随场景时间轴同步运行。

✳　**任务描述**

制作运动的汽车、闪闪的星光影片剪辑元件，展示城市风景的动画效果。

◉　**学习目标**

（1）掌握创建影片剪辑元件的方法。
（2）了解影片剪辑元件的嵌套。
（3）掌握利用传统补间动画制作影片剪辑元件。

【分析与设计】

（1）运用传统补间动画中的旋转效果制作转动的汽车影片剪辑。

（2）运用"椭圆工具"绘制圆并设定径定渐变填充。

（3）运用传统补间动画的淡入淡出效果制作闪闪的星星影片剪辑。

【操作步骤】

（1）新建一个 Flash CS5 AS 2.0 文档，舞台大小设定为"500×300 像素"，背景色为"黑色"，将"图层 1"改名为"背景"。

（2）将"素材 / 单元 3"中的文件"背景图 1. jpg"、"车架. png"、"轮子. png"导入到库，打开"库"面板，将"背景图 1. jpg"拖至舞台。打开"对齐"面板，将图片设置成与舞台匹配宽和高，对齐方式设置为"水平中齐"和"垂直中齐"，锁定"背景"图层。

（3）新建名为"转动的轮子"影片剪辑元件，进入影片剪辑编辑模式，将库中的"轮子. png"图片拖入舞台，设置大小为"70×70 像素"，打开"对齐"面板，对齐方式设置为"水平中齐"和"垂直中齐"。

（4）在第 20 帧处插入关键帧，创建传统补间动画，并设置旋转为"顺时针"，次数为"1"。

（5）新建名为"转动的甲壳虫"影片剪辑元件，进入影片剪辑模式，将库中的图片"车架. png"、"转动的轮子"影片剪辑拖入舞台，将轮子放置到适当的位置，如图 3-60 所示。

（6）新建名为"渐变的圆"图形元件，选择"椭圆工具"，打开"颜色"面板，设置"笔触颜色"为无，设置"填充颜色"为"径向渐变"。颜色都设置为"白色"，两个色块的 Alpha 从左到右依次为"100%"、"0%"，在舞台上绘制一个圆，如图 3-61 所示。

（7）新建名为"星星"图形元件，将库中名为"渐变的圆"图形元件拖至 5 个舞台，利用"任意变形工具"进行变形或旋转，组成如图 3-62 所示的图形。

图 3-60 甲壳虫汽车

图 3-61 绘制一个圆

（8）新建名为"闪闪的星星"影片剪辑元件，将"星星"图形元件拖到舞台，在"对齐"面板中设置对齐为"水平中齐"和"垂直中齐"。

（9）在第 10、20 帧处插入关键帧，将第 10 帧处的星星实例的 Alpha 值设置为"0%"，创建传统补间动画，如图 3-63 所示。

图 3-62　星星

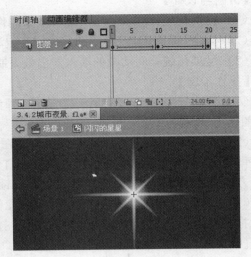

图 3-63　闪闪的星星

（10）回到场景1，新建图层并改名为"汽车"，从库中将"转动的甲壳虫"影片剪辑元件拖至舞台的右下方，并调整大小。在第 60 帧处插入关键帧，将车移至舞台的左下方，创建传统补间动画，即可实现汽车从右到左移动的效果，如图 3-64 所示。

（11）新建图层并改名为"星星"，将"闪光的星星"影片剪辑元件拖至舞台，进行多次复制，调节各个星星的大小和透明度。

（12）以"城市夜景"为文件名存盘，测试效果如图 3-65 所示。

图 3-64　汽车的移动

图 3-65　城市风景效果图

◆ 总结提升

影片剪辑元件是一个小动画，它可以嵌套在其他的影片剪辑中，如"转动的轮子"影片剪辑放在"转动的甲壳虫"影片剪辑中。影片剪辑元件的播放不同步主时间轴，放在主场景中即使只有一帧，也可以进行播放。影片剪辑元件可以运用创建逐帧动画、补间动画、形状补间动画、传统补间动画进行制作。

任务 3.3.3　按钮元件及其创建

按钮在 Flash CS5 中具有重要的作用，它是与用户进行交互性操作的一个重要途径。因此，制作出灵活多样的按钮，是动画制作中的一个不可缺少的环节。

按钮元件和影片剪辑元件、图形元件不同，它的时间轴上只有 4 个帧，通过这 4 个帧可以指定不同的按钮状态。

① "弹起"帧：表示按钮的初始状态，鼠标指针不在按钮上时的状态。

② "指针经过"帧：表示鼠标指针在按钮上时的状态。

③ "按下"帧：表示鼠标单击按钮时的状态。

④ "点击"帧：用来定义鼠标能触及到按钮并起作用的区域，该区域在工作区是不可见的，如果定义该帧，必须保证该区域包括按钮的前三种状态的区域；如果不定义该帧，则系统会默认"弹起"帧状态时按钮的区域为反应区。

✿ 任务描述

制作一个立体圆形按钮，展示按钮不同状态时的表现形式。

◎ **学习目标**

（1）掌握创建按钮元件的方法。

（2）掌握"椭圆工具"的使用及其颜色、透明度的设置。

（3）掌握关键帧的插入方法。

【分析与设计】

（1）新建按钮元件。

（2）在 4 种不同状态的帧中绘制不同的图形或改变图形的属性。

（3）在新建的图层中添加各种状态下的不同的图形。

【操作步骤】

（1）新建一个 Flash CS5 AS 2.0 文档。

（2）执行"插入"→"新建元件"命令，弹出"创建新元件"对话框，在"名称"文本框中输入元件名为"bt1"，在"类型"下拉列表框中选择"按钮"选项，如图 3-66 所示，单击"确定"按钮进入编辑模式。

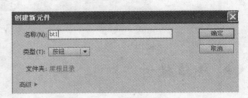

图 3-66　新建按钮元件

（3）选择工具面板中的"椭圆工具"，将"笔触颜色"设置为"蓝色"，"Alpha"设置为"50%"，填充色为"无"，绘制一个大小为"80×80"像素的圆，并利用"对齐"面板设置对齐为"水平中齐"和"垂直中齐"。

（4）选择工具面板中的"椭圆工具"，将"笔触颜色"设置为"无"，填充色为"蓝色"，"Alpha"设置为"50%"，绘制一个大小为"70×70"像素的圆，并利用"对齐"面板设置对齐为"水平中齐"和"垂直中齐"，如图 3-67 所示。

（5）在"指针经过"、"按下"、"点击"状态中分别按 F6 键插入关键帧，在"指针经过"状态中将外圆和内圆的"Alpha"值都设置为"100%"，如图 3-68 所示。

图 3-67　弹起状态

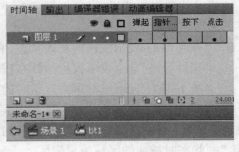

图 3-68　指针经过

（6）在"按下"状态中将外圆删除，将内圆的填充颜色设置为"红色"，"Alpha"值设置为"100%"，如图 3-69 所示。

（7）锁定图层 1 并新建图层 2，利用"多角星形工具"绘制一个黑色三角形，点击帧并按 F5 键插入普通帧，如图 3-70 所示。

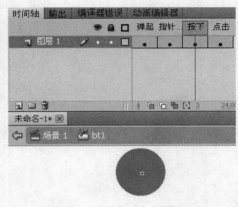

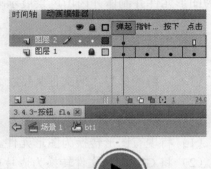

图 3-69 "按下"状态图形   图 3-70 添加图层中的图形

（8）单击编辑区左上角的场景名称"场景 1"，返回到场景的编辑状态，打开"库"面板，将名为"bt1"的按钮元件拖曳到舞台，测试影片，即可看到按钮的效果，如图 3-71 所示。

图 3-71 按钮的效果图

◇ 总结提升

按钮的四种状态是：弹起、指针经过、按下、点击，它可以在不同的状态中放置不同的图形；如果要体现按钮的动感，可在不同的状态中放置不同的影片剪辑。如果制作复杂的按钮，需要创建多个图层，并在不同的状态中放置不同的图形元件或影片剪辑元件。

任务 3.3.4 产生元件的方法

前面主要介绍通过绘图等工具创建元件，下面介绍另外三种创建元件的方法：将导入的图片转换为元件、将 GIF 动画转换为元件、将舞台中现有的对象转换为元件。

❋ **任务描述**

将导入的图片转换为图形元件、导入的 GIF 动画转换为影片剪元件、舞台中输入的文字转换为图形元件并制作井冈山风景展示动画。

◎ **学习目标**

（1）了解能够导入的文件类型。

（2）掌握转换成元件的方法。

【分析与设计】

（1）将现有图形转换为图形元件。

（2）将 GIF 动画文件转换为影片剪辑元件。

（3）将文字转换为图形元件。

（4）关键帧的插入及传统动画的创建。

【操作步骤】

（1）新建一个 Flash CS5 AS 2.0 文档，舞台大小设定为"400×400"像素，背景色为"黑色"，将"图层 1"改名为"背景"。

（2）执行"文件"→"导入"→"导入到库"命令，将单元 3 素材中的"bird.gif"、"杜鹃花 .png"两文件导入到库中。

（3）从打开"库"面板中可以看到，系统自动将导入的两个文件转换为两个元件。

（4）在"库"面板中将图形元件"元件 1"改名为"背景图"，影片剪辑元件"元件 2"改名为"bird"。

（5）将图形元件"背景图"拖到场景中的舞台，设置对齐方式为"水平中齐"和"垂直中齐"，将"图层 1"改名为"背景"，在第 60 帧处插入普通帧。

（6）新建图层 2 并命名为"鸟"，将库中的影片剪辑元件拖至舞台左边，在第 60 帧处插入关键帧，并将"鸟"拖至舞台的右边，创建传统补间动画，如图 3-72 所示。

（7）新建图层并命名为"文字说明"，运用"文本工具"输入文本"井冈山风景"，设置"字体"为"黑体"，"大小"为"50"，"颜色"为"#FF00FF"，"消除锯齿"设置为"使用设备字体"。

（8）用"选择工具"选中文字，按 F8 键，在弹出的"转换为元件"对话框中设置名称为"文字"，类型为"图形"，如图 3-73 所示。

（9）在"文字"图层中在第 30、60 帧处插入关键帧，并创建传统补间动画，将第 30 帧关键帧处的文字用"选择工具"选中，在属性面板的"色彩效果"区域中"样式"设置为"Alpha"、"Alpha"设置为"16%"，如图 3-74 所示。

（10）执行"控制"→"测试影片"→"在 Flash Professional 中"命令，即可看到如图 3-75 所示的效果。

图 3-72 背景及动画设置

图 3-73 "转换为元件"对话框

图 3-74 色彩效果的设置

图 3-75 效果图

◆ 总结提升

将舞台中现有的图形选中后可按 F8 键转换为所需要的元件类型。对于现有的素材文件类型如 gif、png 文件，导入到库后 Flash CS5 会自动将其转换成影片剪辑元件、图形元件。对于从网上下载的 SWF 文件，也可以采用导入到库的方法，将其转换成一个影片剪辑元件。

小　结

本活动通过具体的实例，详细介绍了元件的创建方法。元件的类型主要有三种：图形元件、影片剪辑元件和按钮元件。创建元件的方法可以通过"绘图工具"、"文本工具"等进行自创，也可以导入现有的素材并将其转换成元件。元件的创建是动画制作过程中一个重要的组成部分，需要读者对它的创建方法熟练掌握。

❋ 技能训练

1. 创建"头"、"耳朵"、"肚子"、"手"、"脚"、"眼"等图形元件，组装成如图 3-76 所示的图形，可进一步创建行走的动画效果。

2. 制作烟花效果。

操作提示步骤：

（1）创建名为"单火花"影片剪辑。绘制第 1、21、40 关键帧处的图形并调整各关键处图形的位置，并在关键帧间创建形状补间动画，如图 3-77 所示。

图 3-76　猴子模型

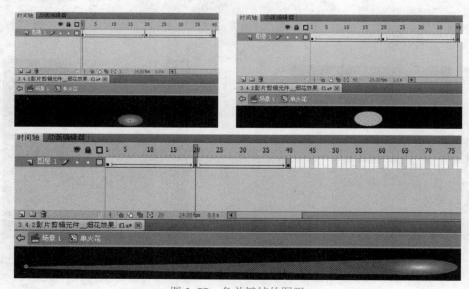

图 3-77　各关键帧的图形

（2）创建名为"火焰"的影片剪辑。将"单火花"影片剪辑元件拖入本影片剪辑元件的舞台中，运用"变形"面板旋转 30° 并单击右下角名为"重制选区和变形"按钮，制作成烟花束，如图 3-78 所示（如果烟花束个数少了，可将旋转的度数减少）。

（3）导入第 3 单元素材中的图片文件"中国馆. jpg"作为背景图，并设置其与舞台大小相匹配，将"焰火"影片剪辑拖至舞台，并测试效果，如图 3-79 所示。

图 3-78　烟花束效果图

图 3-79　烟花效果

（4）制作立体感很强的圆形按钮，弹起、鼠标经过、按下三状态的图形如图 3-80 所示。

图 3-80　立体按钮效果图

（5）新建一个 Flash 文档，将第 3 单元素材下的"搜狐视频 .swf"导入到库，打开"库"面板观察到系统自动将其转换为一个影片剪辑元件，这样做的目的在于能够充分利用现有资源，进行资源的共享。

活动 3.4　元件实例的创建及修改

实例是将库中的元件应用到舞台上或嵌套在另一个元件内的元件副本，将一个元件从元件库中拖到工作区中即创建了该元件的一个实例。元件与实例的关系是：一个元件可以创建多个实例，实例保持元件的基本特征，但可以设置不同的颜色、大小和功能，当修改元件时，它的所有实例都会随之更新。

任务 3.4.1 创建元件的实例

 任务描述

通过制作风力发电机来说明如何将元件进行实例化、元件实例的嵌套使用。

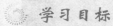 **学习目标**

掌握利用元件实例化后制作图形元件、影片剪辑元件。

【分析与设计】

（1）利用"叶片"图形元件实例来制作"风轮"图形元件。

（2）利用"风轮"图形元件实例来制作"转动的风轮"影片剪辑元件。

（3）利用"转动的风轮"影片剪辑元件和"风车柱"图形元件实例来制作"风力发电机"影片剪辑元件。

（4）多次利用"风力发电机"实例来制作风力发电场。

【操作步骤】

（1）打开"源文件／单元 3"中的文件"3.5.1 创建元件的实例（未完成）.fla"文件。

（2）单击 ■ 按钮打开"库"面板，可以看到所有的元件，如图 3-81 所示。

（3）新建一名为"风轮"的图形元件，连续 3 次将"叶片"图形元件拖至舞台（将元件进行了实例化），利用"任意变形工具"进行旋转后，组成如图 3-82 所示的图形。

图 3-81 "库"面板中的元件

图 3-82 风轮图形元件

（4）新建一名为"转动的风轮"影片剪辑元件，将"风轮"图形元件拖至舞台（进行了实例化），利用"任意变形工具"设置风轮的中心点位置，并使其与编辑模式下的舞台中心点对齐，如

图 3-83 所示。

（5）在第20帧处插入关键帧并创建传统补间动画，设置"属性面板"的"补间"区域设置"旋转"为"顺时针"，次数为"2"，如图 3-84 所示。

（6）新建名为"风力发电机"的影片剪辑元件，分别将"转动的风轮"剪片剪辑元件和"风车柱"图形元件拖入舞台并放在两个图层中，调节大小后组成如图 3-85 所示的图形。

图 3-83　设置"风轮"的中心点位置

图 3-84　设置补间动画属性

图 3-85　风力发电机

（7）单击舞台左上角的按钮 ⇦，回到"场景 1"中，新建图层并改名为"风车"，从库中将"风力发电机"影片剪辑拖至场景中的舞台并调节大小，并进行多次复制，最后效果如图 3-86 所示。

图 3-86　风力发电场

（8）执行"文件"→"另存为"命令，在弹出的对话框中以文件名"3.5.1 创建元件的实例（完成）.fla"保存。

◇ 总结提升

创建元件后，在场景中的任何位置，或在其他元件中，都可以创建元件的实例。元件的实例化过程就是元件从"库"中进入舞台的过程。在舞台中的实例可以进行多次的复制。可以运用实例制作其他元件。如在上例中，运用"叶片"元件实例化后制作"风轮"元件，用"风轮"实例化后制作"风力发电机"等。

任务 3.4.2　元件及元件实例的修改

✳ 任务描述

制作彩色叶片的风力发电机。

◎ 学习目标

（1）掌握元件的修改方法。
（2）掌握实例的修改方法。

【分析与设计】

（1）进入"叶片"元件的编辑模式，改变"叶片"的形状。

（2）进入"风轮"元件的编辑模式，改变"风轮"元件三个叶片的颜色。

【操作步骤】

（1）打开"源文件 / 单元 3"中的文件"3.5.1 创建元件的实例（完成）.fla"。

（2）单击舞台右上角的编辑元件按钮，在弹出的快捷菜单中选择"叶片"，即进入"叶片"元件编辑模式，利用"选择工具"和"部分选择工具"将图形变成如图 3-87 所示的形状。

（3）观察使用了"叶片"实例的"风轮"、"转动的风轮"、"风力发电机"元件，图形都发生了改变。

（4）单击舞台右上角的编辑元件按钮，在弹出的快捷菜单中选择"风轮"，即进入"风轮"元件编辑模式。

（5）选择一个"叶片"实例，在"属性面板"的"色彩效果"区域中将"样式"设置为"色调"，"色调"设为"100%"，"红"设为"255"，"绿"设为"0"，"蓝"设为"0"，如图 3-88 所示。

（6）分别选择其他两个"叶片"实例，将颜色分别设置为"绿"、"蓝"，如图 3-89 所示。

（7）观察：使用了"风轮"实例的"转动的风轮"、"风力发电机"元件，叶片的颜色都发生了变化。

（8）返回至"场景 1"，"风力发电机"元件所对应的实例叶片的形状、颜色都发生的变化，如图 3-90 所示。

图 3-87　叶片的形状

图 3-88　"色彩效果"设置

图 3-89　叶片颜色的设置

图 3-90　形状与颜色改变后的效果

◇ **总结提升**

（1）本例主要介绍了改变元件的形状和实例的颜色的方法，即通过选择属性面板的"色彩效果"区域中"样式"来进行设置。主要有下面 4 个选项：

① 亮度：通过更改亮度值可以更改实例的明暗程度，如图 3-91 所示。

② 色调：通过改变色调可以更改实例的颜色，如图 3-92 所示。

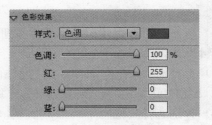

图 3-91 设置实例的亮度 　　　　　　图 3-92 设置实例的色调

③ 透明度 Alpha：通过改变 Alpha 可以更改实例的透明程度，如图 3-93 所示。

④ 高级：可以同时改变红、绿、蓝的颜色值以及透明度，如图 3-94 所示。

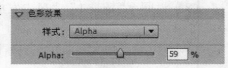

⑤ 当实例为影片剪辑元件时，在属性面板的"显示"区域中可以设置"混合模式"，如图 3-95 所示。

图 3-93 设置实例的透明度

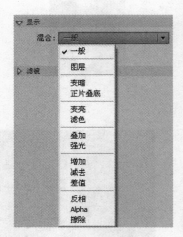

图 3-94 "高级"设置 　　　　　　图 3-95 混合模式

（2）改变元件的属性时，发生改变在是运用了该元件的所有实例。

小　结

本活动主要介绍实例的创建及实例的编辑和修改两部分内容。实例的创建过程实际上是将库中的元件拖曳至舞台的过程，每个实例都有自己的属性，可利用属性面板可以改变其位置、大小、颜色、亮度及透明度等属性，还可以改变实例的类型。对实例属性编辑修改，不会造成对相应元件和其他由同一元件创建其他实例的影响。

技能训练

1. 制作五彩霓虹灯效果。

操作提示步骤：

（1）利用"多角星形工具"制作"星框"图形元件，颜色设置为橙色，如图 3-96 所示。

（2）利用"线条工具"制作"背景灯"图形元件，每组线条设置为不同的颜色，如图 3-97 所示。

图 3-96　星框图形 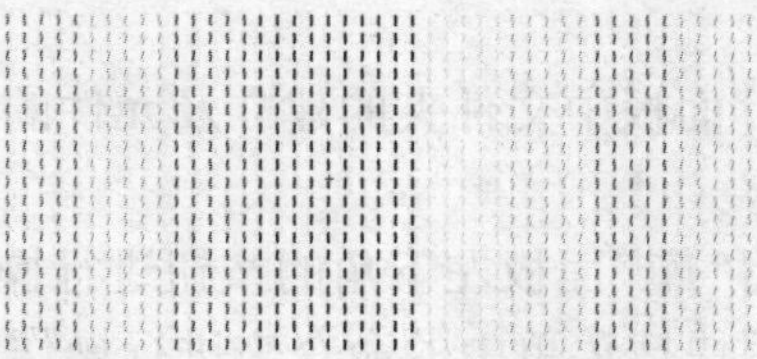　　　　　　　　　图 3-97　背景灯效果图

（3）利用"文字工具"制作"都市情怀"图形元件，颜色为"红色"，字体为"黑体"，字号为"100"，如图 3-98 所示。

都市情怀

图 3-98　文字效果

（4）分别运用上面三个元件实例化后制作霓虹灯效果，如图 3-99 所示。

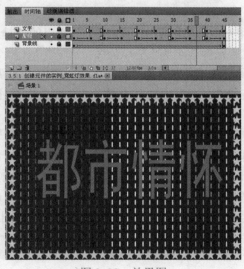

图 3-99　效果图

2. 打开"源文件 / 单元 3"中的文件"3.4.1 图形元件 _ 俄罗斯方块.fla"文件,将所有的方块的颜色都设置为红色。

活动 3.5 元件库的基本操作

在 Flash CS5 中,所有导入有图片文件、声音文件、视频文件以及自制的图形元件、影片剪辑元件、按钮元件都放在库中。因此,对各种类型的文件和元件的管理就显得非常重要,它的作用就相当于 Windows 操作系统下的资源管理器一样。

✿ 任务描述

在"库"面板中进行文件夹的建立、新建元件、复制元件、删除元件、元件的重命名等操作,掌握元件库的基本操作。

◎ 学习目标

掌握"库"面板中文件夹的建立及元件的基本操作。

【分析与设计】

(1) 运用"库"面板左下角的按钮进行操作。

(2) 运用快捷菜单中的命令来进行操作。

【操作步骤】

(1) 打开"源文件 / 单元 3"中的文件"3.6 库的使用 .fla",并展开"库"面板,如图 3-100 所示。

(2) 单击"库"面板左下方的"新建文件夹"按钮 □,将新建的文件夹命名为"猴子",将猴子的各个部件拖入"猴子"文件夹中,如图 3-101 所示。

(3) 用同样的方法分别创建"杜鹃花"、"玫瑰花"两文件夹,并把对应的图片文件拖入到所对应的文件夹中,如图 3-102 所示。

(4) 右单击"猴子"文件夹中的"眼睛"图形元件,在弹出的快捷菜单中选择"重命名"命令,改名为"左眼",将"耳朵"图形元件改名为"左耳朵"。

(5) 右单击"猴子"文件夹中的"左耳朵"图形元件,在弹出的快捷菜单中执行"直接复制"命令,在弹出的"直接复制元件"对话框中输入名称为"右耳朵",单击"确定"按钮即完成元件的直接复制。

(6) 双击"右耳朵"图形元件,进入图形元件编辑模式,执行"修改"→"变形"→"水平翻转"命令,将左耳朵变成右耳朵。

(7) 单击"库"面板左下方的"新建元件"按钮 ,在弹出的"创建新元件"对话框中,名称设置为"monkey","类型"设置为"图形",单击"确定"按钮后进入"monkey"图形元件编辑模式下,将"库"面板"猴子"文件夹下的猴子各元件拖至舞台,组成如图 3-103 所示的图形,这时库中包含了"monkey"图形元件。

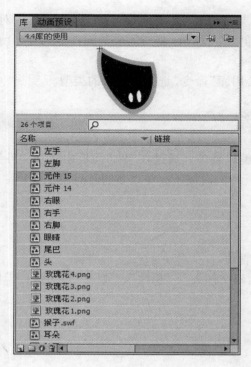

图 3-100　"库"面板

图 3-101　猴子文件夹效果

图 3-102　文件夹及其所包含的文件

图 3-103　猴子效果图

（8）单击 Del 键或单击"库"面板左下方的"删除"按钮 　，可实现元件或文件夹的删除。

◇ 总结提升

本活动主要是通过对元件库的基本操作，实现对库中元件的有效管理。如果需要调用其他动画中的元件或调用公用库中的元件，则具体操作步骤如下：

（1）调用其他动画中的元件：执行"文件"→"导入"→"打开外部库"命令，在打开的对话框中选择需要导入的动画文件，打开导入动画文件的"库"面板，将所需要的元件拖入到当前场景即可将该元件复制至当前动画的库中。

（2）公用库中元件的导入：执行"窗口"→"公用库"命令，选择所需要的类型。

小　　结

本活动主要介绍了利用"库"面板对元件进行编辑管理。通过在"库"面板中建立文件夹，可以把具有共同特征的元件放在一起，这样在使用元件的时候不会花太多的时间去寻找元件。

技能训练

自己创建一些对象，在"库"面板中进行有效的管理。

1. 运用"库"面板左下角中的"新建元件"、"新建文件夹"、"属性"、"删除"按钮进行操作。
2. 运用快捷菜单中的命令进行操作。

单元 4

复杂动画制作

活动 4.1 制作引导层动画

引导层动画是 Flash 一种重要的动画类型。在现实生活中,常常需要制作大量的曲线运动效果,通过引导层动画,可以轻松地实现让运动对象沿着指定的曲线路径运动的效果。

任务 4.1.1 制作小球曲线运动的效果

❋ **任务描述**

制作一个红色的小球沿弧线运动的动画效果。

◎ **学习目标**

(1) 了解引导层动画的作用。

(2) 掌握简单的引导层动画的制作方法和技巧。

【分析与设计】

1．小球沿弧线(曲线)运动的动画效果适合使用引导层动画制作。

2．小球运动的动画需要使用传统补间动画实现,把小球制作成图形元件较好。

3．小球的运动路径在引导层中绘制,小球运动的动画在被引导层中制作。

【操作步骤】

(1) 新建一个 Flash 文档,所有属性使用默认设置。

(2) 制作"小球"元件。

① 执行"插入"→"新建元件"命令,弹出"创建新元件"对话框,在"名称"文本框中输入元件的名称"小球",在下拉列表框中选择"图形",再单击"确定"按钮,就新建了名为"小球"图形元件,如图 4-1 所示。

② 绘制小球。进入"小球"元件编辑舞台,选择"椭圆工具",在"图层 1"的第 1 帧处绘制一个没有笔触颜色,填充颜色为"红色"的立体小球。

(3) 制作"小球"动画。返回主场景,打开"库"面板,把库中的"小球"元件拖曳到舞台上,在时间轴的第 40 帧处按 F6 键插入一个关键帧，右键单击第 1～40 帧中的任意帧，从弹出菜单中选择"创建传统补间"。

（4）添加引导层。右键单击"图层 1"，在弹出的菜单中选择"添加传统运动引导层"，时间轴的状态如图 4-2 所示。

图 4-1　创建新元件

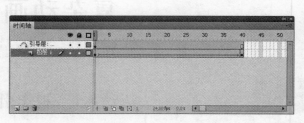

图 4-2　时间轴状态

（5）绘制引导线。在引导层中用"椭圆工具"绘制一个只有笔触颜色，没有填充颜色的圆，再把圆编辑成半圆，就是所需的运动路径。

（6）对齐对象。在"图层 1"第 1 帧中，拖动"小球"对象使其中心点对齐路径的起始位置，在第 40 帧拖动"小球"对象使其中心点中对齐路径的结束位置，如图 4-3 和图 4-4 所示。

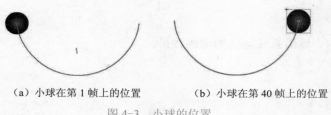

（a）小球在第 1 帧上的位置　　　（b）小球在第 40 帧上的位置

图 4-3　小球的位置

（7）预览动画。按 Ctrl+Enter 键浏览动画，就可以看到小球沿弧线运动的动画效果了。

图 4-4　小球的动画效果

◇ 总结提升

从上面的制作过程中可以了解到，引导层是一种特殊的图层。引导层动画允许用户在引导层中绘制一条曲线作为动画对象的运动路径，通过设置运动对象关键帧在该路径上的位置，使链接到引导层中的对象都沿着这条路径运动。

制作一个引导层动画，至少需要两个图层，上面的图层称为"引导层"，下面的图层称为"被

引导层",

在一个图层上添加引导层,可以右键单击该图层,在弹出的菜单中选择"添加传统运动引导层"。

引导线应绘制在引导层中,而且引导线在动画发布时是不会显示出来的,其作用仅仅是用于引导被引导层中的对象沿指定的路径运动。

被引导层中的动画,其起始关键帧和结束关键帧上对象的中心点应分别对齐引导线的起点和终点。

此外,Flash 还提供了"贴紧"、"调整到路径"、"同步"等属性参数,给我们的设计带来了很大的方便,其具体的使用方法将在后面的任务中再介绍。

任务 4.1.2   制作特技飞行表演效果

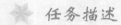 任务描述

运用运动引导层动画,制作惊心动魄的特技飞行表演效果。

学习目标

(1)运用常用工具绘制所需动画对象。

(2)进一步熟悉引导层动画的制作方法。

(3)掌握包含两个及两个以上引导路径的引导层动画的制作方法和技巧。

【分析与设计】

(1)利用"矩形工具"、"椭圆工具"、"颜料桶工具"等制作蓝天、白云、绿草地及飞机对象。

(2)把"飞机1"对象制作成图形元件,复制"飞机1"对象,编辑修改得到"飞机2"对象。

(3)"飞机1"和"飞机2"的运动路径不同,引导层中需绘制两条不同的引导路径。

【操作步骤】

(1)新建一个 Flash 文档,所有属性使用默认设置。

(2)绘制天空。

① 双击"图层1",将其重命名为"天空"。

② 选择"矩形工具",设置"笔触颜色"为"无","填充颜色"从左到右分别为"#FFFFFF"、"#00FFFF","颜色类型"为"线性渐变",如图4-5所示,在第1帧绘制一个"550 px×400 px"的矩形,覆盖整个舞台。

③ 选择"渐变变形工具",调整填充效果,如图4-6所示。

④ 选中"天空"图层的第60帧,按F5键,插入一个帧。

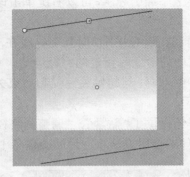

图 4-5　颜色参数　　　　　　　　　　　图 4-6　调整填充颜色

（3）绘制"白云"。

① 锁定"天空"图层，在"天空"图层上新建一个名为"白云"的图层。

② 选择"椭圆工具"，设置"笔触颜色"为"无"，"填充颜色"为"白色"，在舞台上绘制 13 个椭圆拼叠成 3 朵白云，效果如图 4-7 所示。

图 4-7　白云效果

（4）绘制"草地"。

① 锁定"白云"图层，在"白云"图层上新建一个名为"草地"的图层。

② 选择"矩形工具"，设置"笔触颜色"为"无"，"填充颜色"为"#02BA00"，在舞台下方绘制一个"550 px×70 px"的矩形，选中矩形，选择"任意变形工具"，选择"封套"变形，把矩形修改成如图 4-8 所示。

③ 选择"椭圆工具"，设置"笔触颜色"为"无"，"填充颜色"为"#75FF19"，绘制一个约"500 px×50 px"的椭圆，把"椭圆"拖到上面绘制的"草地"上，将舞台外多余的图形删除，绘制好的"草地"如图 4-9 所示。

（5）绘制"飞机"元件。

① 执行"插入"→"新建元件"命令，弹出"创建新元件"对话框，在"名称"文本框中输入元件的名称"飞机 1"，在下拉列表框中选择"图形"，再单击"确定"按钮，在"飞机 1"元件编辑舞台中绘制一架飞机，如图 4-10 所示。

② 打开"库"面板，右键单击元件"飞机 1"，从菜单中选择"直接复制"。弹出"直接复制元件"对话框，在"名称"文本框中输入元件的名称"飞机 2"，单击"确定"按钮。

图 4-8　编辑草地

图 4-9　白云效果

③ 双击元件"飞机 2"，进入"飞机 2"编辑舞台，选中"飞机 2"，执行"修改"→"变形"→"水平翻转"命令；选择"颜料桶工具"，设置"笔触颜色"为"无"，"填充颜色"为"#00FFFF"，把机身部分填充为"蓝色"，按同样步骤把机翼部分填充为"红色"，如图 4-11 所示。（绘制"飞机"元件需要一定的技巧，读者也可以直接执行"文件"→"导入"→"打开外部库"命令，打开该项目的源文件，将外部库中的元件"飞机 1"和"飞机 2"拖曳到当前库中。

图 4-10　飞机 1

图 4-11　飞机 2

（6）制作"飞机 1"动画。

① 返回主场景,新建一个名为"飞机1"的图层,打开"库"面板,把库中的"飞机1"元件拖曳到第1帧上,在时间轴的第60帧处按F6键插入一个关键帧,右键单击第1~60帧中的任意帧,从菜单中选择"创建传统补间"。

② 添加引导层。右键单击"飞机1"图层,在弹出的菜单中选择"添加传统运动引导层",时间轴的状态如图4-12所示。

③ 绘制引导线。在引导层中绘制"飞机1"的运动路径,曲线如图4-13所示。

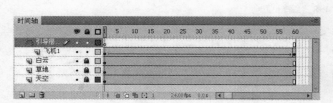

图4-12 时间轴

图4-13 "飞机1"运动路径

④ 对齐对象。在图层"飞机1"第1帧处,拖动"飞机1"对象,使其中心点对齐路径的起始位置,在第60帧拖动对象使其中心点对齐路径的结束位置,如图4-14和图4-15所示。

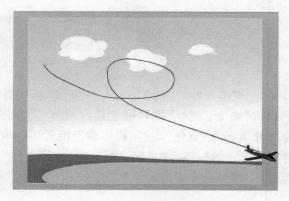

图4-14 "飞机1"在第1帧的位置

图4-15 "飞机1"在第60帧的位置

(7)制作"飞机2"动画。

① 在"飞机1"图层上,新建一名为"飞机2"的图层,把库中的"飞机2"元件拖曳到第1帧上,在时间轴的第60帧处按F6键插入一个关键帧,右键单击第1~60帧中的任意帧,从菜单中选择"创建传统补间",时间轴的状态如图4-16所示。

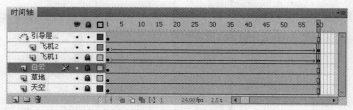

图 4-16　时间轴

② 绘制引导线。在引导层中绘制"飞机 2"的运动路径，曲线如图 4-17 所示，引导层中的两条运动路径如图 4-18 所示。

图 4-17　"飞机 2"运动路径

图 4-18　引导层上两条运动路径

③ 对齐对象。在图层"飞机 2"的第 1 帧处拖动"飞机 2"对象，使其中心点对齐路径的起始位置，在第 60 帧处拖动对象，使其中心点对齐路径的结束位置，如图 4-19 和图 4-20 所示。

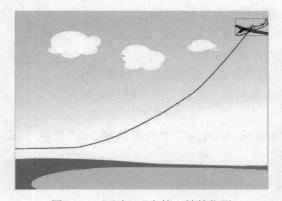

图 4-19　"飞机 2"在第 1 帧的位置

图 4-20　"飞机 2"在第 60 帧的位置

（8）预览动画。按 Ctrl+Enter 键浏览动画，可以看到"飞机 1"在曲线拐弯处并没有按预期效果运动。

（9）单击"飞机 1"图层上第 1～60 帧中的任意 1 帧，打开"属性"面板，选择"调整到路径"复选框。

（10）按 Ctrl+Enter 键浏览动画，这次得到了令人满意的飞行特技表演动画效果，至此，本例的全部动画制作完成，按 Ctrl+S 键保存文档。

 总结提升

一个运动引导层可引导多个被引导对象，即运动引导层可以将多个图层链接到同一个运动引导层中，使多个对象沿同一条路径运动。

在一个运动引导层上可画多条引导线，且多条引导线间可相互交叉，引导多个被引导对象沿指定的路径运动。

选择"调整到路径"，可使运动对象的基线调整到运动路径上，这样就可以让对象在沿着指定路径移动时自动进行旋转，使其相对于该路径的方向始终保持不变。

任务 4.1.3　制作月球环绕地球旋转效果

❋ **任务描述**

在苍茫深邃的太空中，群星璀璨，月球沿着椭圆形的轨道环绕地球旋转，产生近大远小的空间透视效果。

学习目标

（1）了解导入外部素材进行动画设计。

（2）熟悉影片剪辑的制作方法。

（3）掌握圆形（椭圆形）引导路径的引导层动画的制作方法和技巧。

【分析与设计】

（1）导入外部素材图片，制作所需的"地球"和"月球"对象。

（2）"群星"效果使用"喷涂刷工具"绘制，"星空"动画效果使用影片剪辑制作。

（3）月球环绕地球的动画使用引导层动画制作，其椭圆形路径需要作特殊处理。

【操作步骤】

（1）新建一个 Flash 文档，设置文档尺寸为"800 px×600 px"，"背景颜色"为"黑色"，其他属性使用默认设置。

（2）制作"星空"动画效果。

① 制作"星星"元件。

（a）新建"星星"元件。执行"插入"→"新建元件"命令，弹出"创建新元件"对话框，在"名称"文本框中输入元件的名称"星星"，在下拉列表框中选择"图形"，再单击"确定"按钮。

（b）绘制"星星"元件。进入"星星"元件编辑舞台，选择"椭圆工具"，设置"笔触颜色"为"无"，"填充颜色"为"#CCCCCC"。在"图层 1"的第 1 帧绘制一个"1.5 px×2 px"小椭圆，放大小椭圆并用"选择工具"将小椭圆形状修改为如图 4-21 所示。

② 制作"群星"元件。

（a）新建"群星"元件。执行"插入"→"新建元件"命令，弹出"创建新元件"对话框，在"名称"文本框中输入元件的名称"群星"，在下拉列表框中选择"图形"，再单击"确定"按钮，进入"群星"元件编辑舞台。

（b）喷绘"群星"。选择"喷涂刷工具"，在"属性"面板点击"编辑"按钮，弹出"选择元件"对话框，选中"星星"元件，单击"确定"按钮，如图 4-22 及图 4-23 所示。

图 4-21 "星星"元件

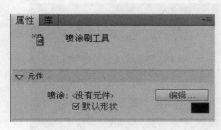

图 4-22 "属性"面板

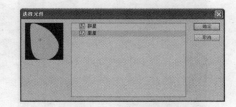

图 4-23 "选择元件"对话框

其他参数设置为：元件"缩放宽度"100％，"缩放高度"100％；画笔"宽"度为 200 像素，"高度"为 200 像素；选择"随机缩放"、"旋转元件"、"随机旋转"复选框，具体设置如图 4-24 所示。用鼠标在舞台不同位置点击若干次，喷绘成"群星"形状，如图 4-25 所示。

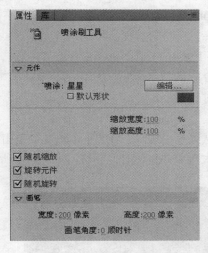

图 4-24 参考设置

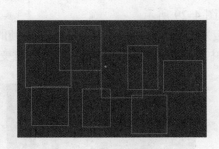

图 4-25 "群星"元件

③ 制作"星空"影片剪辑。

（a）新建"星空"影片剪辑。执行"插入"→"新建元件"命令，弹出"创建新元件"对话框，在"名称"文本框中输入元件的名称"星空"，在下拉列表框中选择"影片剪辑"，再单击"确定"按钮，进入"星空"元件编辑舞台。

（b）创建动画。选中"图层 1"第 1 帧，把"库"面板中的"群星"元件拖到舞台中央，右键单击第 1 帧，从菜单中选择"创建补间动画"，把鼠标放在第 25 帧处，当光标变为"双向箭头"形状时，按住鼠标左键拖动，把动画延长到 100 帧。

（c）变形对象。选中第 100 帧舞台中的"群星"对象，选择"任意变形工具"，把"群星"对象放大并作逆时针旋转，对象在第 1 帧和第 100 帧的效果分别如图 4-26 及图 4-27 所示。

（d）插入属性关键帧。按住 Ctrl 键，单击"图层 1"第 50 帧，按 F6 键，在第 50 帧处插入一个属性关键帧。

图 4-26　第 1 帧效果

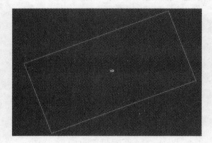
图 4-27　第 100 帧效果

（e）调整对象"Alpha"属性。单击第 1 帧，选中舞台上的"群星"对象，打开"属性"面板，在"样式"下拉列表中选择"Alpha"，设置其 Alpha 值为"0%"，如图 4-28 所示。

　　按同样的方法设置第 50、100 帧"群星"对象的 Alpha 值分别为"100%"和"0%"，锁定"图层 1"。

（f）在"图层 1"上新建"图层 2"，选中"图层 2"第 1 帧，把"库"面板中的"群星"元件拖到舞台中央，选中舞台中的"群星"对象，选择"任意变形工具"，缩小对象并作顺时针旋转，如图 4-29 所示。

图 4-28　设置 Alpha 值

（g）右键单击"图层 2"第 1～100 帧的任意一帧，从菜单中选择"创建补间动画"，单击第 100 帧，选中舞台中的"群星"对象，选择"任意变形工具"，放大对象并作逆时针旋转，如图 4-30 所示。

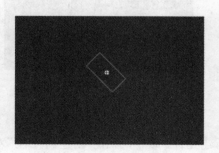
图 4-29　第 1 帧效果

图 4-30　第 100 帧效果

（h）按④所述方法，在"图层 2"第 50 帧处插入一个属性关键帧。

（i）按⑤所述方法，把"图层 2"第 1、50、100 帧的"群星"对象的 Alpha 值分别设为"0%"、"100%"、"0%"，时间轴的状态如图 4-31 所示。

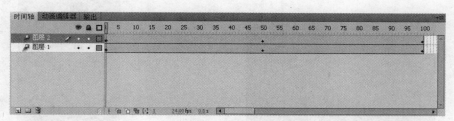

图 4-31　时间轴状态

（j）返回主场景，将主场景的"图层 1"重命名为"星空"。把"库"面板中的影片剪辑"星空"拖曳到舞台，打开"对齐"面板，选择"与舞台对齐"复选框，单击"匹配宽和高"、"水平中齐"、"垂直中齐"按钮，让"星空"动画在舞台全居中。

（k）选中第 100 帧，按 F5 键插入帧，把动画延长到 100 帧。

（3）制作"月球"动画。

① 导入外部素材。执行"文件"→"导入"→"导入到库"命令，打开该项目的素材文件夹，将素材图片"地球 .gif"和"月球 .gif"导入到库中。

② 新建"月球"元件。执行"插入"→"新建元件"命令，弹出"创建新元件"对话框，在"名称"文本框中输入元件的名称"月球"，在下拉列表框中选择"图形"，再单击"确定"按钮，进入"月球"元件编辑舞台，把"库"面板中的图片"月球 .gif"拖曳到舞台。

③ 创建"传统补间"动画。在"星空"上新建一个图层，并将其重命名为"月球"。选中"月球"图层的第 1 帧，把"库"面板中的"月球"元件拖曳到舞台，选中第 100 帧，按 F6 键插入一个关键帧，右键单击第 1 ～ 100 帧中的任意帧，从菜单中选择"创建传统补间"。

④ 插入关键帧。选中"月球"图层的第 25 帧，按 F6 键插入一个关键帧，按同样的方法在第 50、75 帧都分别插入一个关键帧。

⑤ 添加引导层。右键单击"月球"图层，在弹出的菜单中选择"添加传统运动引导层"，时间轴的状态如图 4-32 所示。

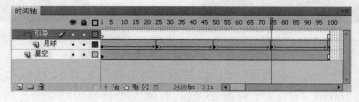

图 4-32　时间轴状态

⑥ 绘制并编辑引导线。在引导层中运用"椭圆工具"按需要绘制一个没有填充颜色、笔触颜色为"白色"的椭圆，把椭圆的左边部分用"橡皮擦工具"擦除 1 小段，如图 4-33 所示。

⑦ 对齐对象。在"月球"图层的第 1 帧，将"月球"对象对齐引导线的开始位置，如图 4-34 所示；再调节"月球"图层的第 25、50、75 和 100 帧的对象位置，调整后的效果分别如图 4-35、

图 4-36、图 4-37、图 4-38 所示。

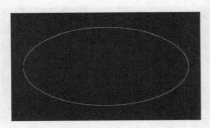

图 4-33　编辑引导线

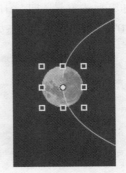

图 4-34　第 1 帧"月球"的位置

图 4-35　第 25 帧"月球"的位置

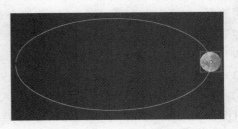

图 4-36　第 50 帧"月球"的位置

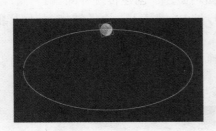

图 4-37　第 75 帧"月球"的位置

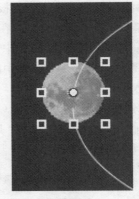

图 4-38　第 100 帧"月球"的位置

⑧ 调整"月球"近大远小的效果。运用"任意变形工具"，把第 1、75 帧和第 100 帧的"月球"对象大小均调整为"60 px×60 px"，将第 25 帧的对象大小调整为"70 px×70 px"，将第 75 帧的对象大小调整为"50 px×50 px"，完成后效果如图 4-39 所示。

⑨ 设置"月球"旋转效果。分别选中"月球"图层的第 1、25、50 帧和第 75 帧，在"属性"面板的"旋转"选项下拉列表框中选择"逆时针"，并设置其旋转次数为"1"。

（4）制作"地球"动画。

① 新建"地球"元件。执行"插入"→"新建元件"命令，弹出"创建新元件"对话框，在"名

称"文本框中输入元件的名称"地球",在下拉列表框中选择"图形",单击"确定"按钮,进入"地球"元件编辑舞台,把"库"面板中的图片"地球 .gif"拖曳到舞台中央。

② 退回主场景,在"引导层"上面新建一个图层,并将其重命名为"地球",选中"地球"图层的第 1 帧,把"库"面板中的"地球"元件拖曳到舞台中,调整其大小和位置,如图 4-40 所示。

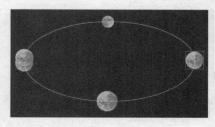 

图 4-39 完成后效果　　　　　　　图 4-40 "地球"大小和位置

③ 创建补间动画。右键单击"地球"图层第 1 ～ 100 帧中的任意一帧,从菜单中选择"创建补间动画",并在"属性"面板的"旋转"选项下拉列表框中选择"逆时针",设置其旋转次数为"1"。

至此,本实例的全部动画制作完成,按 Ctrl+S 键保存文档,按 Ctrl+Enter 键浏览动画效果。

◆ **总结提升**

制作引导层动画时,如果引导线为封闭导线,被引导对象会默认从第 1 个画面到最后 1 个画面间的最短路径移动,而不会按指定的路径移动,达不到预期的控制效果,所以必须把封闭导线进行适当编辑,如擦除其中的一小块,把封闭导线变成不封闭曲线来处理。

制作引导层动画时,无法将补间动画图层拖动到引导层上,所以被引导层中的动画需用"传统补间动画"制作。

本例为了增加画面的美感,在背景上制作了"群星"闪烁的动画,使整个场景看起来不会太单调,制作"群星"效果时是使用"喷涂刷工具"绘制的,不仅使制作更加方便简单,而且制作出的效果也更加自然、逼真。

另外,本例中的"地球"旋转效果并不是真的"自转"效果,读者可结合后面讲述的"遮罩层"动画原理,将本动画进一步修改完善,让动画效果更加形象逼真。

小　结

引导层动画是 Flash 的一种重要动画类型之一,特别适用于制作曲线运动效果。

制作一个引导层动画至少需要两个图层,上面的是引导层,下面的是被引导层,一定要注意区分引导层和被引导层,其中引导路径要绘制在引导层中,被引导对象要放置在被引导层中,而且引导路径在发布时,是不会显示出来的。

希望读者在本活动实例制作的启发下,能在实践中不断探索,举一反三,创造出更优秀的引导层动画作品。

技能训练

1. 模拟红色小球在弧形凹槽内滚动的动画效果，在运动过程中，小球速度逐渐增加，到达中间位置速度最大，然后速度逐渐减小，到达最右端时速度为0，最后小球沿原路径返回，其速度变化规律也为先慢、后快、再慢，效果如图 4-41 所示。

图 4-41 效果图

2. 模拟树叶上露珠滴落的动画效果，如图 4-42 及图 4-43 所示。

3. 制作星星和小球沿着圆形路径分别作逆时针和顺时针旋转的动画，如图 4-44 及图 4-45 所示。

图 4-42 树叶效果图 1　　　　　　　　　图 4-43 树叶效果图 2

图 4-44 星星和小球效果图 1　　　　图 4-45 星星和小球效果图 2

4. 运用引导层动画模拟铅笔写字的动画效果，如图 4-46 及图 4-47 所示。

图 4-46 铅笔写字效果图 1   图 4-47 铅笔写字效果图 2

活动 4.2 制作遮罩层动画

遮罩层动画也是 Flash 的一种重要动画类型之一。在 Flash 作品中，我们常常会看到许多新奇炫目的效果，其实不少都是通过简单的遮罩层动画实现的，如瀑布、百叶窗、放大镜效果等，可以说，遮罩层动画为我们提供了一个可以施展无限想象力的创作空间。

任务 4.2.1 制作简单遮罩效果

 任务描述

制作一幅图片透过一个椭圆形的区域显示出来的效果。

学习目标

（1）理解遮罩层动画的原理。
（2）掌握简单遮罩层动画的制作方法。
【分析与设计】
（1）椭圆形区域是一个限定的显示区域，放在上面的遮罩层中。
（2）图片是要在限定的显示区域内显示的内容，放在下面的被遮罩层中。

【操作步骤】

（1）新建一个 Flash 文档，设置文档"尺寸"为"700 px×600 px"，其他属性使用默认设置。

（2）导入外部素材。执行"文件"→"导入"→"导入到库"命令，打开该项目的素材文件夹，将素材图片"花 .jpg"导入到库中。

（3）选中"图层 1"第 1 帧，把"库"面板中的图片"花 .jpg"拖曳到舞台，并让图片在舞台全居中。

（4）在"图层 1"上面新建"图层 2"，选中"图层 2"第 1 帧，选择"椭圆工具"，设置"笔触颜色"为"无"，"填充颜色"为"红色"，在舞台上绘制一个大小为"550 px×400 px"的椭圆。在没有创建遮罩效果之前，椭圆遮住了它与背景图片重叠的区域，效果如图 4-48 所示。

（5）将"图层 2"转换为"遮罩层"。右键单击"图层 2"，在弹出的菜单中选择"遮罩层"。转换为"遮罩层"后，"图层 2"的内容完全遮盖了"图层 1"的内容，只有透过"图层 2"中的椭圆形区域才可以看到下面"图层 1"中的图片，效果如 4-49 所示。

图 4-48　遮罩前的效果

图 4-49　遮罩后的效果

◆ 总结提升

从上面的制作过程中可以了解，遮罩层动画的实质是通过遮罩层中的对象有选择地显示其下面的被遮罩层中的内容。

一个遮罩层动画至少需要两个图层，上面的图层称为"遮罩层"，下面的图层称为"被遮罩层"。

要创建遮罩层动画，可以右键单击选定的图层，在弹出的菜单中选择"遮罩层"，就把所选定的图层转换为"遮罩层"，它下面的图层就转换为"被遮罩层"。

普通图层是透明的，上面图层的空白处可以透出下面图层的内容，而遮罩层却刚好相反，被遮罩层中的内容只能透过遮罩层中的对象区域显示出来，只有在遮罩层中创建一个有填充的图形时，被遮罩层中的对象才可以透过该图形区域显示出来。

任务 4.2.2 制作文字遮罩效果

✦ 任务描述

制作金黄色的、淡入淡出的文字效果。

◌ 学习目标

（1）进一步理解遮罩层动画的原理。

（2）掌握运用文本对象制作遮罩层动画的制作方法和技巧。

（3）掌握如何在遮罩层动画中实现渐变效果的方法和技巧。

【分析与设计】

（1）用"文字"作为遮罩对象，文字是运动的，用补间动画制作。

（2）在被遮罩层填充渐变色，实现渐变效果。

【操作步骤】

（1）新建一个 Flash 文档，设置文档"尺寸"为"400 px×550 px"，"背景颜色"为"黑色"，其他属性使用默认设置。

（2）制作被遮罩层。

① 双击"图层 1"，把"图层 1"重命名为"背景"。

② 选择"矩形工具"，设置"笔触颜色"为"无"，"填充颜色"从左到右分别为："#000000"、"#FFCC00"、"#000000"，"颜色类型"为"线性渐变"，绘制一个"350 px×450 px"的矩形。

③ 选择"渐变变形工具"，改变矩形的渐变填充方向，效果如图 4-50 所示。

④ 选中"背景"图层第 60 帧，按 F5 键插入一个帧，把动画延长到 60 帧。

（3）制作遮罩层。

① 在"背景"图层的上面新建一个名为"文字"图层。

② 制作"文字"对象。选中"文字"图层的第 1 帧，选择"文本工具"，文字的属性设置如图 4-51 所示，文字颜色为"#0066CC"，在舞台下方输入所需文字，效果如图 4-52 所示。

图 4-50 填充效果

图 4-51 文字属性设置

③ 创建补间动画。右键单击"文字"图层第 1 ～ 60 帧中的任意一帧，在菜单中选择"创建补间动画"，把动画播放头移到第 60 帧，调整文字对象的位置，调整后的效果如图 4-53 所示。

图 4-52　文字在第 1 帧的效果　　　　　图 4-53　文字在第 60 帧的效果

④ 将"文字"图层转换为"遮罩层"。右键单击"文字"图层，在菜单中选择"遮罩层"。

（4）按 Ctrl+Enter 键浏览动画效果，最终效果如图 4-54 所示。

◆ 总结提升

从上面的案例中可以了解，遮罩层中的文本对象必须为传统的静态文本，用动态文本和 TLF 文本，在场景中看起来有效果，但测试时会没有预期的效果。

遮罩层中的对象是完全透明的，就是说遮罩层中对象的颜色、透明度等效果对遮罩动画是没有影响的，所以要在动画中实现渐变效果必须在被遮罩层中设置。

本例就是透过遮罩层上的文字轮廓看被遮罩层上的渐变色块，从而产生淡入淡出的效果。建议读者在制作文字遮罩时尽量选用线条比较粗的字体，这样做出来的效果会更好。

图 4-54　效果图

任务 4.2.3　制作水中倒影效果

 任务描述

制作水中倒影的效果。

学习目标

（1）熟练掌握遮罩层动画的制作方法和技巧。

（2）掌握运用遮罩层动画制作水中倒影效果的方法和技巧。

【分析与设计】

（1）利用遮罩层动画让倒影图片与一组均匀排布的移动线条得到一幅"动态"的、不完整的图片效果。

（2）把"动态"的、不完整的图片与一幅完整的倒影图片错位放置形成水波效果。

【操作步骤】

（1）新建一个 Flash 文档，设置文档"尺寸"为"800 px×694 px"，其他属性使用默认设置。

（2）导入外部素材。执行"文件"→"导入"→"导入到库"命令，打开该项目的素材文件夹，将素材图片"荷花 .jpg"导入到库中。

（3）制作"荷花"图层。双击"图层 1"，将其重命名为"荷花"，把库中的"荷花 .jpg"图片拖曳舞台并将其居中放置在舞台上半部分，选中"荷花"图层的第 60 帧，按 F5 键插入一个帧。

（4）制作"倒影"图层。

① 在"荷花"图层的上面新建一名为"倒影"的图层。

② 选中"荷花"图层第 1 帧，按 Ctrl+Alt+C 键复制帧，选中"倒影"图层第 1 帧，按 Ctrl+Alt+V 键粘贴帧。

③ 选中"倒影"图层第 1 帧的图片，执行"修改"→"变形"→"垂直翻转"命令，把翻转后的图片居中放置在舞台下半部分，如图 4-55 所示。

图 4-55　舞台效果

（5）制作"动态倒影"图层。在"倒影"图层上新建一名为"动态倒影"的图层，选中"倒影"图层第 1 帧，按 Ctrl+Alt+C 键复制帧，选中"动态倒影"图层第 1 帧，按 Ctrl+Alt+V 键粘贴帧。

（6）制作遮罩图层。

① 锁定所有图层，在"动态倒影"图层的上面新建一名为"遮罩"的图层。

② 选择"矩形工具"，设置"笔触颜色"为"无"，"填充颜色"为"绿色"，在舞台中绘制一个"800 px×25 px"的矩形，复制矩形最终效果如图 4-56 所示。

图 4-56　矩形效果

③ 选中"遮罩"图层第 1 帧，右键单击舞台中的矩形，在菜单中选择"转换为元件"，将矩形转换成名为"波纹"的图形元件。

④ 选中"遮罩"图层的第 1 帧的"波纹"对象，调整其位置，如图 4-57 所示。

图 4-57　第 1 帧效果

⑤ 创建补间动画。右键单击"遮罩"图层第 1～60 帧中的任意一帧，在菜单中选择"创建补间动画"，把播放头移到第 60 帧位置，选中舞台上"波纹"对象，调整其位置，如图 4-58 所示。

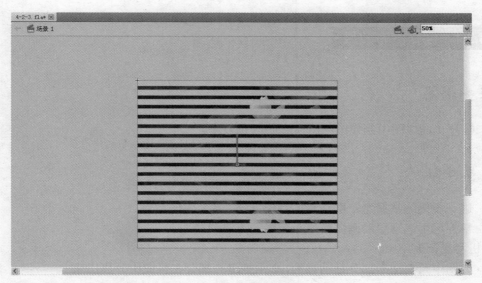

图 4-58　第 60 帧效果

⑥ 右键单击"遮罩"图层，在菜单中选择"遮罩层"，时间轴的状态如图 4-59 所示。

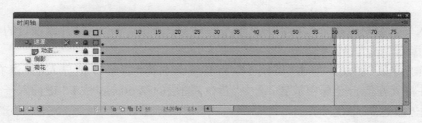

图 4-59　时间轴状态

（7）按 Ctrl+Enter 键浏览动画，发现并没有预期的"倒影"效果。

（8）调整"倒影"图层图片的位置。选中"倒影"图层第 1 帧的图片，在"属性"面板中把其"Y"值缩小 1 个像素。

（9）至此，本例的全部动画已完成，按 Ctrl+Enter 键浏览动画，得到"水中倒影"效果。

◇ 总结提升

从上面的案例中可以了解，倒影效果实质是利用遮罩层动画让倒影图片与一组均匀排布的移动线条形成一幅"动态"的、不完整的倒影图片效果，再与一幅完整的倒影图片上下错位（约 1 个像素）放置形成的特殊效果。

要注意的是，绘制遮罩线条时，必须是有填充的图形，不能使用铅笔工具绘制，否则得不到预期的效果。

另外，我们可以在遮罩层、被遮罩层中分别或同时使用补间动画，使遮罩层动画为我们提供了一个可以施展无限想象力的创作空间，创作出更多眩目神奇的动画效果。

任务 4.2.4 制作瀑布效果

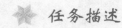 **任务描述**

在一幅静止的位图中制作出动感逼真的瀑布效果。

学习目标

（1）进一步熟练掌握遮罩层动画的制作方法。

（2）掌握运用遮罩层动画制作瀑布效果的方法和技巧。

【分析与设计】

（1）位图中只有瀑布部分是动态的，必须把瀑布部分在位图中分离出来。

（2）利用分离出来的瀑布部分做遮罩层动画，形成"动感"的瀑布效果。

【操作步骤】

（1）新建一个 Flash 文档，设置文档"尺寸"为"800 px×517 px"，其他属性使用默认设置。

（2）导入外部素材。执行"文件"→"导入"→"导入到库"命令，打开该项目的素材文件夹，将素材图片"瀑布 .jpg"导入到库中。

（3）制作"背景"图层。双击"图层 1"，将其重命名为"背景"，把导入的"瀑布 .jpg"图片拖曳到舞台并将其在舞台全居中放置，选中"背景"图层的第 60 帧，按 F5 键插入一个帧。

（4）制作"被遮罩"图层。

① 在"背景"图层的上面新建一名为"被遮罩"的图层，选中"背景"图层的第 1 帧，按 Ctrl+Alt+C 键复制帧，选中"被遮罩"图层第 1 帧，按 Ctrl+Alt+V 键粘贴帧。

② 选中"被遮罩"图层第 1 帧中的图片，执行"修改"→"分离"命令，将图片分离。

③ 选择"套索工具"，细心勾勒出图形中的瀑布部分，如图 4-60 所示。

④ 选择"箭头工具"，单击瀑布以外的图片部分，按 Del 键删除，则删除了瀑布以外的区域。

（5）制作"遮罩"图层。

① 新建一名为"遮罩"的图形元件，进入该元件编辑舞台。

② 选择"矩形工具"，设置"笔触颜色"为"无"，"填充颜色"为"黑色"，在舞台中绘制一个"560 px×10 px"的矩形，然后复制成一组均匀的矩形，如图 4-61 所示。

③ 在"被遮罩"图层的上面新建一名为"遮罩"的图层，选中"遮罩"图层的第 1 帧，将"库"面板中的"遮罩"图形元件拖曳入舞台，选择"任意变形工具"，把对象旋转一定角度，排布如图 4-62 所示。

④ 右键单击"遮罩"图层的第 1 ～ 60 帧中的任意一帧，在菜单中选择"创建补间动画"，把播放头移到第 60 帧位置，选中舞台中的"遮罩"图形，将其水平向右移动一定距离，如图 4-63 所示。

图 4-60 瀑布区域

图 4-61 遮罩图形

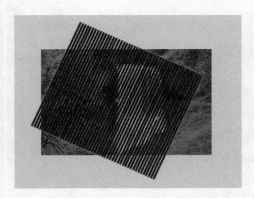

图 4-62 旋转后的对象

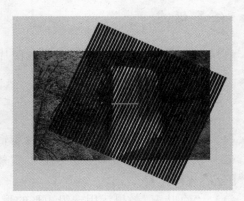

图 4-63 移动后的对象位置

（6）右键单击"遮罩"图层，在菜单中选择"遮罩层"，时间轴的状态如图 4-64 所示。

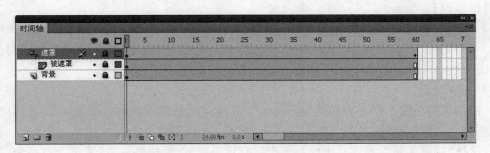

图 4-64 时间轴状态

（7）按 Ctrl+Enter 键浏览动画，发现并没有预期的"瀑布"效果。

（8）调整"被遮罩"图层中图片的位置。解除对"被遮罩"图层的锁定，选中"被遮罩"图层第 1 帧中的图片，在"属性"面板中把其"X"值缩小 1 个像素。

（9）至此，本例的全部动画已完成，按 Ctrl+Enter 键浏览动画，得到 "瀑布"效果。

◇ **总结提升**

从上面的案例中可以了解到,"瀑布"效果的制作原理跟"水中倒影"效果的制作原理基本是一样的,不同的是,"水中倒影"效果是对整幅"倒影"图片制作遮罩效果,而"瀑布"效果只对图片中的"瀑布区域"制作遮罩效果。

由于只有图片中的"瀑布区域"有动画效果,所以"被遮罩"层中只有"瀑布区域",制作时必须把图片中的"瀑布区域"勾勒出来,其他部分删除。另外,勾勒图片的操作很重要,直接影响到最终效果的好坏。

任务 4.2.5 制作百叶窗效果

✳ **任务描述**

利用两张图片制作出状如百叶窗的图片切换效果。

 学习目标

(1) 掌握在遮罩层动画中运用影片剪辑嵌套的方法,简化动画制作流程。

(2) 掌握运用遮罩层动画实现百叶窗效果的方法和技巧。

【分析与设计】

(1) "百叶窗"效果运用一组矩形的形状渐变实现。

(2) 运用影片剪辑的嵌套实现以往需要用多重遮罩动画才能实现的效果,以简化整个动画制作过程。

【操作步骤】

(1) 新建一个 Flash 文档,设置文档"尺寸"为"400 px×390 px"所有属性使用默认设置。

(2) 导入外部素材。执行"文件"→"导入"→"导入到库"命令,打开该项目的素材文件夹,将素材图片"flower1. jpg"和"flower2. jpg"导入到库中。

(3) 布置场景。

① 把默认的"图层 1"重命名为"flower1",把"库"面板里的"flower1. jpg"图片拖曳到舞台并将其在舞台全居中放置,执行"修改"→"分离"命令,将图片分离。

② 选择"椭圆工具",在图片上绘制一个没有填充颜色,笔触颜色为"黑色",宽高为"270 px×360 px"的椭圆,选择"箭头工具",按住 Shift 键单击椭圆外边的图片部分以及椭圆的轮廓线,按 Del 键删除。

③ 在"flower1"图层上新建一名为"flower2"的图层,把"库"面板里的"flower2. jpg"图片拖曳至舞台并将其在舞台全居中放置,执行"修改"→"分离"命令,将图片分离。

④ 对"flower2"图层上的图片重复执行上面的第②步操作。图层"flower1"和"flower2"上的图片效果分别如图 4-65 和图 4-66 所示。

图 4-65 flower1 图片效果　　　　图 4-66 flower2 图片效果

（4） 制作"渐变"动画。

① 新建一名为"渐变"的影片剪辑元件,进入元件编辑舞台。选择"矩形工具",设置"笔触颜色"为"无","填充颜色"为"黑色",在舞台中绘制一个"400 px×30 px"的矩形。

② 打开"对齐"面板,选择"与舞台对齐"复选框,单击"水平中齐"、"垂直中齐"按钮,让"矩形"中心点与舞台的中心点对齐,如图 4-67 所示。

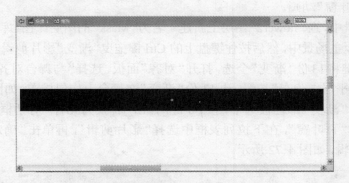

图 4-67 "矩形"元件

③ 把矩形转换为图形元件。右击舞台中的矩形对象,在弹出的菜单中选择"转换为元件",弹出"转换为元件"对话框,在"名称"文本框中输入元件的名称"矩形",在下拉列表框中选择"图形",再单击"确定"按钮,把矩形对象转换为图形元件,如图 4-68 所示。

④ 制作补间动画。

（a） 右键单击"图层 1"第 1 帧,在菜单中选择"创建补间动画",鼠标指住第 25 帧位置,当光标变成双向箭头时,按住鼠标左键拖动,把动画延长到 40 帧。

（b） 确保动画播放头在"图层 1"第 40 帧位置,选中舞台中的矩形对象,在"属性"面板中调整矩形的"高",值为"1",如图 4-69 所示。

图 4-68 转换为元件

图 4-69 "属性"面板

（c）复制动画。鼠标单击"图层 1"第 1～40 帧任意一帧位置，选中整段动画，按住 Alt 键拖动整段动画放到时间轴第 80 帧，就在第 80 帧开始位置复制了整段动画，时间轴的状态如图 4-70 所示。

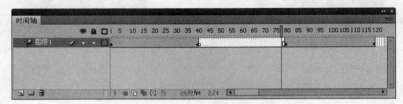

图 4-70 时间轴状态

（d）调整为相反的动画效果。右键单击第 2 段动画任意一帧，在菜单中选择"翻转关键帧"，就把第 2 段的动画效果从原来"由矩形变为一条线"的缩小效果改为了放大效果，即"由一条线变为一个矩形"的动画效果。

（5）制作"百叶窗"动画。

① 返回主场景中，在"flower2"图层上新建一名为"Mask"的图层。在"库"面板中将名为"渐变"的影片剪辑拖至主场景中，然后按住键盘上的 Ctrl 键拖曳"渐变"影片剪辑快速复制成 13 份。

② 按 Ctrl+A 键将 13 份"渐变"全选，打开"对齐"面板，选择"与舞台对齐"复选框，单击"垂直居中分布"、"水平居中分布"按钮，让 13 份"渐变"在舞台上均匀排布，如图 4-71 所示。

③ 确保 13 份"渐变"都已被选中，按 F8 键，弹出"转换为元件"对话框，在"名称"文本框中输入元件的名称"百叶窗"，在下拉列表框中选择"影片剪辑"，再单击"确定"按钮，就把所选对象转换为影片剪辑，如图 4-72 所示。

图 4-71 舞台排布效果

图 4-72　转换为元件

（6）右键单击"mask"图层，在菜单中选择"遮罩层"，时间轴的状态如图 4-73 所示。

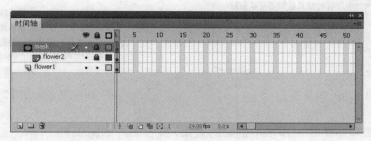

图 4-73　时间轴状态

（7）至此，本例的全部动画已完成，按 Ctrl+Enter 键浏览动画，得到预期的"百叶窗"效果。

◆ 总结提升

本例制作的是一个稍为复杂的遮罩动画效果。从上面的制作过程中可以了解，在遮罩层中运用影片剪辑的嵌套可以大大简化"百叶窗"效果的制作流程，避免了使用多层遮罩的繁锁。

小　结

遮罩层动画是 Flash 一种重要的动画类型之一，制作方法简单，但功能强大，可以在遮罩层、被遮罩层中分别或同时使用补间动画、引导层动画等动画手段，从而使遮罩层动画变成一个可以施展无限想象力的创作工具，很多特殊效果的动画效果都是通过遮罩层动画来实现的。

本单元通过介绍大量经典案例的制作方法，由浅入深，向读者全面展示了遮罩层动画的功能，读者可通过模拟本单元的案例来熟悉遮罩层动画的制作方法和技巧，希望读者在这些案例的启发下，不断探索和尝试，创造出更多生动、有趣的 Flash 作品。

✿ 技能训练

1. 制作动态文字效果，如图 4-74 和图 4-75 所示。

Flash CS5　　　**Flash CS5**

图 4-74　动态文字效果图 1 　　　　　图 4-75　动态文字效果图 2

2. 制作文字慢慢淡入的效果，效果如图 4-76 和图 4-77 所示。

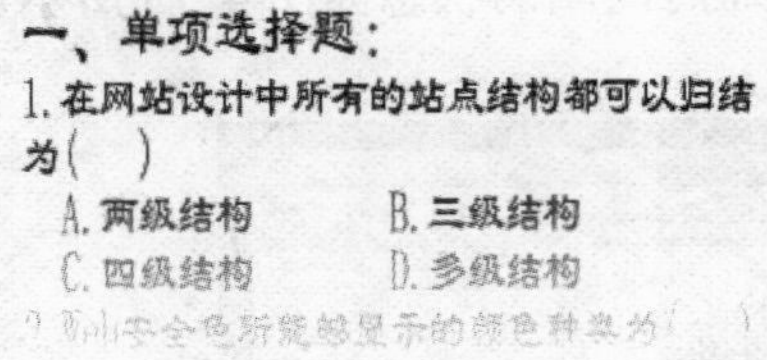

一、单项选择题：
1. 在网站设计中所有的站点结构都可以归结
为（　　）
A. 两级结构　　　B. 三级结构
C. 四级结构　　　D. 多级结构

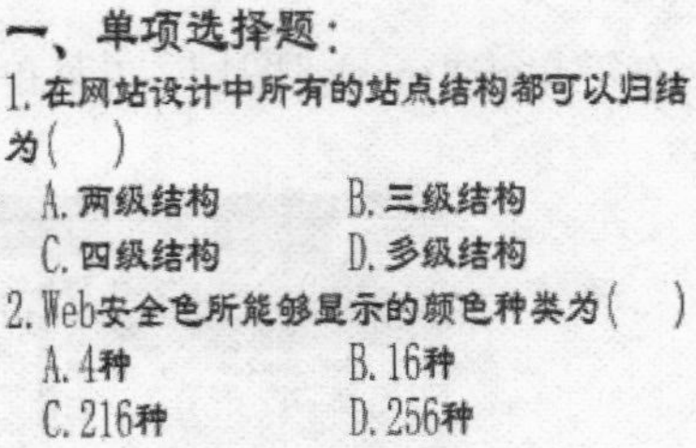

一、单项选择题：
1. 在网站设计中所有的站点结构都可以归结
为（　　）
A. 两级结构　　　B. 三级结构
C. 四级结构　　　D. 多级结构
2. Web安全色所能够显示的颜色种类为（　　）
A. 4种　　　　　B. 16种
C. 216种　　　　D. 256种

图 4-76　效果图 1　　　　　图 4-77　效果图 2

3. 使用一幅静态图片制作水中倒影的效果，参考图片如图 4-78 所示。
4. 把一幅静态的图片制作成动态的流水效果，参考图片如图 4-79 所示。

图 4-78　参考图片①

图 4-79　参考图片②

活动 4.3　制作滤镜动画

滤镜是 Flash CS5 中设计动画时非常实用的功能，它极大地增强了 Flash 的设计能力，以前只能在 Photoshop 或 Fireworks 等软件中才能完成的效果，如阴影、模糊、发光、斜角等，现在通过 Flash 的"滤镜"功能，只需进行简单的操作，便能快速实现许多绚丽的视觉效果。

任务 4.3.1 模拟简单投影效果

✳ 任务描述

模拟一个小球运动时在大球表面产生的阴影效果。

⚙ 学习目标

（1）了解和掌握常用滤镜的基本操作方法。
（2）掌握运用投影滤镜模拟对象在另一个对象表面产生的阴影效果。

【分析与设计】
（1）小球沿直线运动效果用补间动画制作。
（2）小球在大球表面产生的阴影效果用投影滤镜制作。

【操作步骤】
（1）新建一个 Flash 文档，设置文档"背景颜色"为"黑色"，其他属性使用默认设置。
（2）绘制"大球"对象。
① 将默认的"图层 1"重命名为"大球"。
② 选择"椭圆工具"，设置"笔触颜色"为"无"，"填充颜色"从左到右分别为："#0000FF"、
"#000000"，"颜色类型"为"径向渐变"，如图 4-80 所示。在舞台上绘制宽、高为"160 px×
160 px"的蓝色立体圆球。
③ 选择"渐变变形工具"，单击舞台上的圆球对象，调整渐变的中心点到球体的右下位置，
如图 4-81 所示。
④ 选中"大球"图层第 60 帧，按 F5 键插入帧。
（3）制作"小球"元件。
① 在"大球"图层上新建一名为"小球"的图层，选中该图层第 1 帧，在舞台外左下角位置
绘制一个颜色与大球颜色相同，大小为"35 px×35 px"的小球，如图 4-82 所示。

图 4-80 颜色参数

图 4-81 光心位置

② 把"小球"转换为元件。选中舞台中的"小球"对象，按 F8 键，弹出"转换为元件"对话框，在"名称"文本框中输入元件的名称"小球"，在"类型"下拉列表框中选择"影片剪辑"，再单击"确定"按钮，如图 4-83 所示。

图 4-82 小球在第 1 帧位置

图 4-83 转换为元件

（4）制作补间动画。右键单击"小球"图层第 1 ～ 60 帧中的任意帧，从菜单中选择"创建传统补间"。

（5）添加属性关键帧。单击"小球"图层第 60 帧，把播放头移动到第 60 帧位置，移动小球位置，如图 4-84 所示。

（6）调整"小球"对象大小。选中第 60 帧上的"小球"对象，将其大小调整为"25 px×25 px"。

（7）添加滤镜效果。选中"小球"图层第 1 帧上的"小球"对象，打开"属性"面板，在属性检查器的"滤镜"部分，单击"添加滤镜"按钮，在弹出的菜单中选择"投影"滤镜，在"滤镜"选项卡上编辑滤镜设置，其中投影颜色为"黑色"，如图 4-85 所示。

图 4-84 小球在第 60 帧位置

（8）至此，本例的全部动画已完成，按 Ctrl+Enter 键浏览动画，得到预期的"投影"效果，最终效果如图 4-86 所示。

图 4-85 滤镜设置

图 4-86 "投影"效果

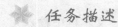 总结提升

滤镜效果的项目共分为七类：投影、模糊、发光、斜角、渐变发光、渐变斜角、调整颜色，它可以使对象产生模糊、发光、投影等效果。

滤镜是一种图形效果，它只适用于文本、影片剪辑和按钮对象。

添加滤镜的操作非常简单，只要选中要添加滤镜的对象，打开"属性"面板，在属性检查器的"滤镜"部分，单击"添加滤镜"按钮，在弹出的菜单中选择所需滤镜，并按需要设置相关参数即可。

本例通过运用时间轴动画，使滤镜动了起来。从上面的制作过程中可以了解，投影滤镜是常用的滤镜之一，它可以让我们模拟对象在另一个对象表面投影的效果，或者在背景中剪出一个与对象形状相似的剪影，从而轻松模拟对象的外观。

任务 4.3.2　模拟粒子运动效果

✦ 任务描述

模拟大量粒子无规则运动的效果。

✿ 学习目标

（1）进一步熟悉常用滤镜的操作方法。

（2）掌握发光滤镜的具体应用方法。

【分析与设计】

（1）运用发光滤镜模拟粒子效果，大量的粒子运用"喷涂刷工具"实现。

（2）粒子的无规则运动运用影片剪辑实现。

【操作步骤】

（1）新建一个 Flash 文档，设置文档"背景颜色"为"黑色"，其他属性使用默认设置。

（2）制作"粒子"图形元件。

① 执行"插入"→"新建元件"命令，弹出"创建新元件"对话框，在"名称"文本框中输入元件的名称"粒子"，在"类型"下拉列表框中选择"图形"，再单击"确定"按钮，就新建了名为"粒子"的图形元件。如图 4-87 所示。

② 进入"粒子"元件编辑舞台，选择"椭圆工具"，设置"笔触颜色"为"无"，"填充颜色"从左到右分别为："#FFFFFF"、"#000000"，"颜色类型"为"径向渐变"，绘制一个大小为"20 px×20 px"的小圆，打开"对齐"面板，选择"与舞台对齐"复选框，单击"水平中齐"、"垂直中齐"按钮，让小圆在舞台上全居中。

图 4-87　新建元件

③ 选择"椭圆工具",设置"笔触颜色"为"无","填充颜色"为"橙色",绘制一个大小为"15 px×15 px"的小圆,打开"对齐"面板,选择"与舞台对齐"复选框,单击"水平中齐"、"垂直中齐"按钮,把两个小圆融合为一个小圆,如图4-88所示。

④ 选中小圆的"橙色"部分,按Del键,把小圆变成一个圆圈,如图4-89所示。

图4-88 融合后的小圆效果

图4-89 小圆圈效果

(3) 制作"粒子运动"影片剪辑元件。

① 执行"插入"→"新建元件"命令,弹出"创建新元件"对话框,在"名称"文本框中输入元件的名称"粒子运动",在"类型"下拉列表框中选择"影片剪辑",再单击"确定"按钮,如图4-90所示。

② 调整"粒子"色彩效果。进入"粒子运动"元件编辑舞台,将"库"面板中的"粒子"元件拖曳到舞台,选中舞台中的"粒子"对象,打开"属性"面板,在属性检查器的"色彩效果"部分,在"样式"下拉列表中选择"高级"选项,设置其参数如图4-91所示。

图4-90 新建元件

图4-91 参数设置

③ 创建补间动画。右键单击"图层1"第1帧,从菜单中选择"创建补间动画",把鼠标指住第25帧,当光标变为"双向箭头"形状时,按住鼠标左键拖动,把动画延长到第100帧。

④ 制作"粒子"运动路径。单击"图层1"第10帧,使播放头移动到动画第10帧位置,选中舞台中的"粒子"对象并将其移动到新的位置,运用"选择工具"把移动路径由原来的"直线"形状修改成"弧线"形状,如图4-92和图4-93所示。

⑤ 用同样的方法,在"图层1"的第25、45、70帧和第100帧位置移动"粒子"对象,并修改相应的移动路径形状,其效果分别如图4-94、图4-95、图4-96和图4-97所示。

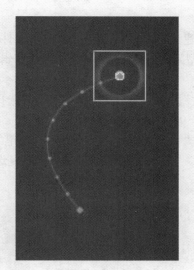

图 4-92　第 1 帧位置

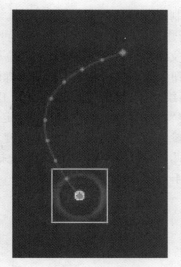

图 4-93　第 10 帧位置

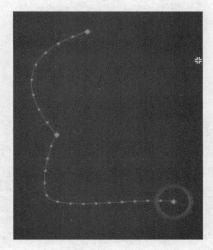

图 4-94　第 25 帧位置

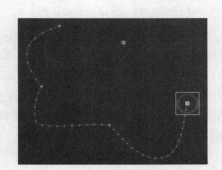

图 4-95　第 45 帧位置

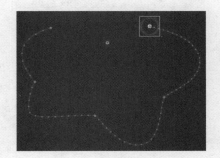

图 4-96　第 70 帧位置

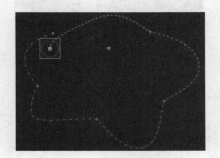

图 4-97　第 100 帧位置

（4）制作"粒子群"影片剪辑元件。

① 新建"粒子群"影片剪辑。执行"插入"→"新建元件"命令，弹出"创建新元件"对话框，在"名称"文本框中输入元件的名称"粒子群"，在"类型"下拉列表框中选择"影片剪辑"，再单击"确定"按钮，进入"粒子群"元件编辑舞台。

② 喷绘"粒子群"。选择"喷涂刷工具"，在"属性"面板上单击"编辑"，弹出"选择元件"对话框，选中"粒子运动"元件，单击"确定"按钮，如图 4-98 所示。

其他参数设置为：元件"缩放宽度"为"100％"，"缩放高度"为"100％"；画笔"宽度"为"230 像素"，"高度"为"150 像素"；选择"随机缩放"、"旋转元件"、"随机旋转"复选框，具体设置如图 4-99 所示。

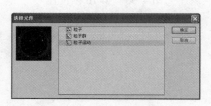

图 4-98　选择元件对话框

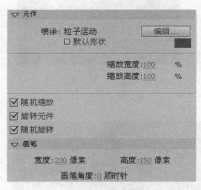

图 4-99　参数设置

用鼠标在舞台不同位置点击若干次，喷绘成"粒子群"形状，如图 4-100 所示。

（5）添加滤镜效果。返回主场景中，在"库"面板中将"粒子群"影片剪辑拖至舞台中，选中舞台中的影片对象，打开"属性"面板，在属性检查器的"滤镜"部分单击"添加滤镜"按钮，在弹出的菜单中选择"发光"滤镜，在"滤镜"选项卡上编辑滤镜设置，其中发光颜色为"红色"，如图 4-101 所示。

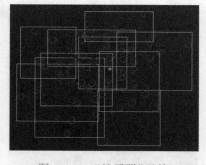

图 4-100　"粒子群"元件

图 4-101　滤镜设置

（6）至此，本例的全部动画已完成，按 Ctrl+Enter 键浏览动画。

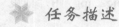 **总结提升**

本例运用发光滤镜模拟粒子运动的效果。发光滤镜也是常用的滤镜之一，它可以在对象的连缘应用颜色，使对象边缘看上去通透光亮，形成独特的效果，让"粒子"效果更加形象、逼真。

任务 4.3.3　制作图片切换特效

✳ **任务描述**

制作两张图片切换的特效，产生强烈的视觉冲击效果。

☼ **学习目标**

（1）熟练掌握常用滤镜的操作方法。

（2）掌握发光滤镜和调整颜色滤镜的应用方法，体验滤镜组合产生的特别效果。

【分析与设计】

图片的光色变化效果运用调整颜色滤镜和发光滤镜的组合效果来实现。

【操作步骤】

（1）新建一个 Flash 文档，设置文档"尺寸"为"350 px×263 px"，其他属性使用默认设置。

（2）导入外部素材。执行"文件"→"导入"→"导入到库"命令，打开该项目的素材文件夹，将素材图片"pic1. jpg"和"pic2. jpg"导入到库中。

（3）制作图片"pic1"效果。

① 双击"图层 1"，将"图层 1"重命名为"pic1"。

② 把"库"面板里的"pic1. jpg"图片拖曳到舞台并将其在舞台全居中放置。

③ 把图片转换为元件。选中舞台中的图片，按 F8 键，弹出"转换为元件"对话框，在"名称"文本框中输入元件的名称"pic1"，在"类型"下拉列表框中选择"影片剪辑"，再单击"确定"按钮，如图 4-102 所示。

④ 分别在图层"pic1"的第 20、30 帧和第 40 帧，按 F6 键插入关键帧。

⑤ 添加滤镜效果。选中第 30 帧上的对象，打开"属性"面板，在属性检查器的"滤镜"部分，单击"添加滤镜"按钮，在弹出的菜单中选择"调整颜色"滤镜，在"滤镜"选项卡上编辑滤镜设置，如图 4-103 所示。

图 4-102　转换为元件

图 4-103　滤镜设置

⑥ 创建补间动画。右键单击图层第 20 ～ 30 帧中的任意帧，从菜单中选择"创建传统补间"。

⑦ 添加滤镜效果。选中图层第 40 帧上的图片对象，打开"属性"面板，在属性检查器的"滤镜"部分，单击"添加滤镜"按钮 ，在弹出的菜单中选择"发光"滤镜，在"滤镜"选项卡上编辑滤镜设置，其中发光颜色为"#FF9900"，如图 4-104 所示。

⑧ 创建补间动画。右键单击图层第 30 ～ 40 帧中的任意帧，从菜单中选择"创建传统补间"。

（4）制作图片"pic2"效果。

① 在图层"pic1"上新建一名为"pic2"的图层。

② 选中图层"pic2"第 35 帧，按 F6 键插入一关键帧，把"库"面板里的"pic2. jpg"图片拖曳到舞台并将其在舞台全居中放置。

③ 选中舞台上的"pic2"对象，按上面所述方法把图片转换成名为"pic2"的影片剪辑元件。

④ 分别在图层"pic2"的第 55、65 帧和第 75 帧，按 F6 键插入关键帧。

⑤ 添加滤镜效果。选中图层"pic2"第 65 帧上的对象，打开"属性"面板，在属性检查器的"滤镜"部分，单击"添加滤镜"按钮 ，在弹出的菜单中选择"调整颜色"滤镜，在"滤镜"选项卡上编辑滤镜设置，如图 4-105 所示。

图 4-104　滤镜设置

图 4-105　滤镜设置

⑥ 创建补间动画。右键单击图层"pic2"第 55 ～ 65 帧中的任意帧，从菜单中选择"创建传统补间"。

⑦ 添加滤镜效果。选中图层"pic2"第 75 帧上的图片对象，打开"属性"面板，在属性检查器的"滤镜"部分，单击"添加滤镜"按钮 ，在弹出的菜单中选择"发光"滤镜，在"滤镜"选项卡上编辑滤镜设置，其中发光颜色为"黑色"，如图 4-106 所示。

⑧ 创建补间动画。右键单击图层"pic2"第 65 ～ 75 帧中的任意帧，从菜单中选择"创建传统补间"。

图 4-106　滤镜设置

（5）至此，本例的全部动画已完成，按 Ctrl+Enter 键浏览动画，得到绚丽的图片切换效果。

◆ 总结提升

本例通过运用调整颜色滤镜和发光滤镜的组合来调整图片的光色效果，从而实现有视觉冲击力的图片切换效果。

从上面的制作过程中可以了解，发光滤镜可以在对象的连缘应用颜色，使对象边缘看上去通透光亮；调整颜色滤镜允许调整对象颜色，比如对象的亮度、对比度、饱和度和色相等。

　　我们不仅可以通过滤镜使对象产生模糊、发光、投影等单项效果，还可以利用它们的组合，产生奇特的组合效果，从而创造出许多意想不到的动画效果。

小　结

　　本活动通过几种常用滤镜的应用，向读者展示了滤镜动画的奇特效果，让我们轻松制作出许多以前只有在图像设计软件中才可以制作的效果。

　　读者可通过模拟本单元的案例来熟练滤镜动画的制作方法和技巧，希望读者在这些案例的启发下，综合利用这些滤镜，不断探索和尝试，让自己的作品更加炫目、漂亮，更具感染力！

技能训练

1．制作渐变发光文字效果，如图 4-107 和图 4-108 所示。

图 4-107　渐变发光文字效果图 1　　　　　图 4-108　渐变发光文字效果图 2

2．运用一张彩色图片制作其从黑白无色变化到彩色的动画效果，参考图片如图 4-109 所示。

3．模拟小鱼从鱼池左边游到右边时其影子的变化效果，如图 4-110 和图 4-111 所示。

4．模拟霓虹灯闪烁效果，如图 4-112 和图 4-113 所示。

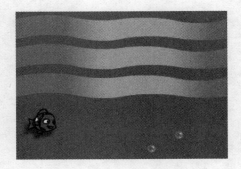

图 4-109　参考图片　　　　　　　　　　图 4-110　小鱼游水效果图 1

图 4-111　小鱼游水效果图 2

图 4-112　霓虹灯效果图 1

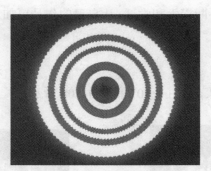

图 4-113　霓虹灯效果图 2

单元 5

Flash CS5 中的文本应用

在我们所浏览的网站主页上，经常可以看到一些 Flash 小动画，其中的文字或静或动，时隐时现，极易吸引人的眼球。本单元中主要介绍静态文本，运用静态文本制作绚丽的文字动画，给人以视觉上的冲击，还可以制作许多特效，给人以美的享受。

活动 5.1　Flash 文本概述

Flash CS5 中的文本分为三种类型：静态文本、动态文本和输入文本。其中静态文本在播放时不可改变和编辑，动态文本可以由动作脚本控制其显示，输入文本在播放时可以人工输入其内容，虽然它们都是通过文本工具来创建，但三者又有很大的区别。

任务 5.1.1　文本的创建

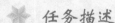 任务描述

（1）创建静态文本并按要求进行排版。
（2）创建动态文本并利用按钮进行交互。
（3）创建输入文本和一个输入框。

学习目标

掌握三种文本类型的设置及其区别。

【分析与设计】

（1）设置类型为"静态文本"的文本并进行格式化。
（2）修改按钮元件并实现动态文本的交互及显示。
（3）创建输入框，实现信息的输入。

【操作步骤】

1. 创建静态文本

（1）新建一个 Flash CS5 AS 2.0 文档，将舞台大小设定为"400×300 像素"。

（2）执行"文件"→"导入"→"导入到舞台"命令，把"素材／单元 5"中的图片文件"明月.jpg"导入到舞台，将图片的对齐方式设置为"水平中齐"和"垂直居中分布"。

（3）对图片单击鼠标右键，在弹出的菜单中执行"转换为元件"命令，在弹出的对话框中设置名称为"背景"，类型为"图形"，单击"确定"按钮后即可将图片转换为图形元件。

（4）将"图层 1"命名为"背景"并锁定，新建图层 2 并改名为"文字"。

（5）单击工具面板中的"文本工具"按钮 T，在"文本"属性面板中设置"文本引擎"为"传统文本"，"文本类型"为"静态文本"，"文字方向"为"垂直"，"字体系列"为"楷体 _GB2312"，"大小"设为"40"，文本颜色为"白色"，消除锯齿为"动画消除锯齿"，设置如图 5-1 所示。

（6）在图片的右上角输入文本"床前明月光，疑是地上霜，举头望明月，低头思故乡"并调节高度。

（7）测试动画，可看到如图 5-2 所示的效果。

图 5-1　静态文本属性的设置

图 5-2　输入的文字效果图

2．创建动态文本

（1）新建一个 Flash CS5 AS 2.0 文档，将舞台大小设定为"200×200 像素"，舞台颜色为"#3B71BE"。

（2）单击工具面板中的"文本工具"按钮 T，在"文本"面板中设置"文本引擎"为"传统文本"，"文本类型"为"动态文本"，"字体系列"为"宋体"，"大小"为"45"，"文本颜色"为"红色"，"消除锯齿"为"动画消除锯齿"，设置"在文本周围显示边框"为有效，将"选项"区域中变量设置为"txt"，如图 5-3 所示。

（3）执行"窗口"→"公用库"→"按钮"命令，打开公用库，在公用库中打开"buttons rounded"文件夹，将"rounded blue 2"按钮元件拖入到舞台中。打开"库"面板，对"rounded blue 2"按钮元件改名为"bt1"。

（4）双击"bt1"按钮元件对其进行编辑，在"text"层中将文字"Enter"改为"1"，并将大小设定为"20"，如图 5-4 所示，单击舞台左上角的按钮 ⇦，返回主场景。

（5）在库面板中对"bt1"按钮元件单击右键，在弹出的快捷

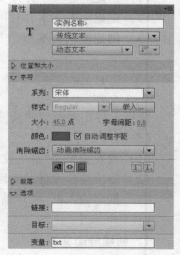

图 5-3　动态文本属性的设置

菜单中选择"直接复制"命令,在弹出的对话框中命名为"bt2",同理再复制一个按钮,并命令为"bt3"。

(6) 在库中分别将三个按钮拖入到舞台,并按图 5-5 所示对齐。

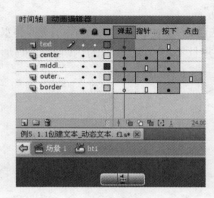

图 5-4　按钮 bt1 中文本的修改

图 5-5　三个按钮的排列

(7) 对"bt1"按钮单击右键,在弹出的快捷菜单中选择"动作"命令,在"动作"面板中输入如下代码

```
on （release） {
    txt=" 第一个按钮 ";
}
```

(8) 运用相同的方法,对"bt2"、"bt3"两按钮的 txt 变量赋值分别为"第二个按钮"、"第三个按钮"。

(9) 测试动画,可看到按不同的按钮,文本框中显示的内容都不同,如图 5-6 所示。

图 5-6　动态文本效果图

3.创建输入文本

(1) 新建一个 Flash CS5 AS 2.0 文档,将舞台大小设定为"200×200 像素",舞台颜色为"#3B71BE"。

(2) 按创建静态文本的方法,创建两个内容,分别为"用户名"和"密码"的静态文本,并按图 5-7 所示调整好位置。

(3) 单击工具面板中的"文本工具"T,在"文本"面板中设置"文本引擎"为"传统文本","文本类型"为"输入文本","字体系列"为"宋体",

图 5-7　文本的位置

"大小"为"30"，"文本颜色"为"红色"，"消除锯齿"为"使用设备字体"，将"选项"区域中"最大字符数"设为"8"，"变量"设置为"txt1"，如图 5-8 所示。

（4）按步骤（3）的方法再创建一个文本类型为"输入文本"的文本输入框，并将变量名设置为"txt2"，将"段落"区域中的"行为"设置为"密码"。

（5）按创建动态文本中的步骤（3）～（5）的方法创建两个如图 5-9 所示的按钮并水平对齐。

（6）测试动画，可以在两个文本框中输入文本并且第二个文本框的内容以密码形式显示，如图 5-9 所示。

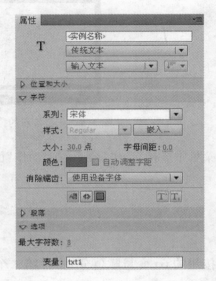

图 5-8 输入文本属性的设置　　　　　　图 5-9 输入文本效果图

◆ 总结提升

创建静态文本，首先要在静态文本的"属性"面板中对文本格式进行设置，如图 5-10 所示。

在舞台中的相应位置单击鼠标左键，舞台上右上角出现一个白色圆形的文本框，这种情况下文本框的长度会随着文本的长短而发生改变，但不会自动换行。如图 5-11 所示。在舞

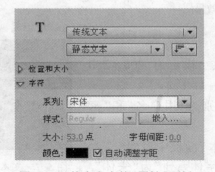

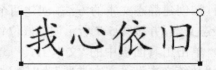

图 5-10 静态文本的"属性"面板　　　　图 5-11 固定文本框中输入文本

台中其他空白的地方拖曳出一个矩形区域,其右上角有白色空心方块,高度与所设定的文字的高度一致。在文本框中输入相应的内容,当输入的文字长度超过其长度时,它会自动换行,如图 5-12 所示。

　　创建动态文本,将文本引擎设置为"传统文本",文本类型设置为"动态文本"。"字符"和"段落"的设置和静态文本一样,在"选项"区域中的应设置"变量"的名称。按住鼠标左键拖曳出一个矩形区域,右下角有白色矩形(根据位置不同可区别文本框的类型),如图 5-13 所示。

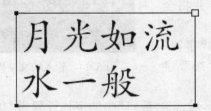
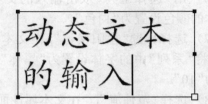

图 5-12　固定文本框中输入文本　　　　　　　图 5-13　动态文本框中输入文本

　　创建输入文本,输入文本框用于接受用户输入的数据,与动态文本框的区别之处在于,在"行为"下拉列表中增加了"密码"选项,增加了"最大字符数"文本框,对输入的文本字符数进行了限制,当其值为 0 时无限制。

　　静态文本通常用于制作文字动画及文字特效,而动态文本和输入文本在 ActionScript 编程中运用较多,在以后的学习中还需要不断总结,达到运用自如的效果。

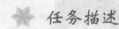

任务 5.1.2　设置文本样式

❋　**任务描述**

对岳阳楼记这一篇文章进行排版,使版面更加整齐美观。

◎　**学习目标**

(1) 了解文本的分类。

(2) 掌握设置的文本样式。

【分析与设计】

(1) 导入图像到舞台,通过对齐面板设置对齐方式。

(2) 利用文本工具输入静态文本。

(3) 设置字符格式。

(4) 设置段落格式。

【操作步骤】

(1) 新建一个 Flash CS5 AS 2.0 文档,将舞台大小设定为"500×400 像素"。

(2) 将"素材 / 单元 5"中的"岳阳楼 .jpg"导入到舞台,并设置与舞台大小相匹配,将图层

1 重命名为"背景图"并锁定。

（3）新建一图层，命名为"文字"。

（4）单击工具面板中的"文本工具" T ，在文本属性面板设置"文本引擎"为"传统文本"，"文本类型"为"静态文本"。

（5）在舞台中拖曳一个矩形区域，宽度与舞台的宽度相当，输入如图 5-14 所示的文字。

（6）用"选择工具"双击输入的文本，将其激活，并将全部文本的颜色设置为"白色"。

（7）选择标题"岳阳楼记"，在文本属性面板中的"字符"区域，将"系列"中的字体设置为"黑体"，大小设置为"30"，字间距为"10"。

图 5-14　输入的文字内容

（8）选择"范仲淹"，在文本属性面板的"字符"区域，将"系列"中的字体设置为"仿宋"，大小设置为"15"。

（9）将正文全部选定，在文本属性面板的"字符"区域，将"系列"中的字体设置为"宋体"，大小设置为"20"。

（10）逐一选择数字序号，在文本属性面板的"字符"区域中的按钮 T 设置为上标。

（11）将标题和作者行选定，在文本属性面板的"段落"区域中，将"格式"设置为"居中对齐"。

（12）将正文全部选定，在文本属性面板的"段落"区域中，将间距"缩进"设置为"40"，"行距"设置为"15"。边距中的"左边距"设置为"15"，"右边距"设置为"15"，如图 5-15 所示。

（13）测试影片，观看排版结果所图 5-16 所示。

图 5-15　段落格式的设置

图 5-16　效果图

◆ 总结提升

字符格式的设置包括：字体、字号、字符间距、颜色和上标、下标等。段落格式的设置包括：对齐方式、缩进、行距、边距等。改变文本方向时，应在文本属性面板中单击下拉按钮 ，出现包括"水平"、"垂直"、"垂直，从左向右"命令的下拉菜单，用户可根据需要进行选择性。

任务 5.1.3　文本转换

由于利用文本工具输入的文本是一个位图，当将其放大时，会出现锯齿状，不能对文本进行特殊的处理。通过对文本进行分离操作，将其转换成矢量图，就可以对其进行编辑了。

✲ **任务描述**

制作荧光效果的文字。

◎ **学习目标**

（1）了解将文字的分离，将其转换成矢量图的方法。
（2）掌握柔化填充边缘的操作。

【分析与设计】

（1）利用文本工具输入文本。
（2）利用"分离"命令将文本分离。
（3）利用"墨水瓶工具"勾画出文字的边框线。
（4）将文字边框线转换为填充并进行柔化。

【操作步骤】

（1）新建一个 Flash CS5 AS 2.0 文档，将舞台大小设定为"400×100 像素"，背景色设置为"蓝色"。

（2）单击工具面板中的"文本工具"按钮 **T**，在属性面板中设置系列为"楷体 _GB2312"，大小为"100"，颜色为"白色"，输入文本"荧光文字"，如图 5-17 所示。

（3）选中输入的文本，连续两次执行命令"修改"→"分离"，将文字打散转换成矢量图。

（4）选择工具面板中的"墨水瓶工具" ，设置笔触颜色为"红色"，分别单击这 4 个字的边缘，将这 4 个字的边框颜色设置为红色，用"选择工具" 分别选中 4 个字的填充色并按 Del 键删除，使其变成中空文字，效果如图 5-18 所示。

图 5-17　输入的文本

图 5-18　空心文字效果

（5）用"选择工具" 将文字全部选中，执行"修改"→"形状"→"将线条转换为扩充"命令，再执行"修改"→"形状"→"柔化填充边缘"命令，弹出"柔化填充边缘"对话框，设置"距离"为"5 像素"，"步长数"为"8"，"方向"为"扩展"，如图 5-19 所示。

（6）单击"确定"按钮，即可看到"荧光文字"效果，如图 5-20 所示。

图 5-19　柔化填充边缘设置

图 5-20　"荧光文字"效果

◆ **总结提升**

在对文字进行分离过程中需要注意的问题是：如果一个字，分离一次就行了，如果输入的是多个字，则需要将其分离两次，才能将其换成矢量图。转换成矢量图后，可以用"墨水瓶工具"勾画出字的边缘，也可以设置字的填充颜色。转换成矢量图后，不会受到系统字体的影响。

小　结

文本的三种类型分别是静态文本、动态文本和输入文本，在应用的过程中要根据自己的需要设置文本的类型。设置文本样式：主要通过字符和段落区域对其进行格式的设置，从而编辑出美观的版式。文本的转换：主要是通过对文本的分离达到转换的目的，当对文本分离后，可以将其转换成矢量图，进而可以根据需求对其进行编辑。

✿ **技能训练**

1. 导入"素材 / 单元 5"中的"行路难 .jpg"图片，并按图 5-21 所示输入文字且排版。
2. 制作如图 5-22 所示的立体字。

图 5-21　效果图

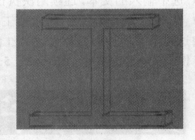
图 5-22　立体字效果

活动 5.2　文字特效制作

本节主要介绍文字特效的制作技巧及方法，通过任务的学习过程，使读者能够对文字补间动画、变形动画、遮罩动画等知识进行灵活的运用。

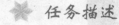
任务 5.2.1　制作摇摆字效果

✱ **任务描述**

制作形式多样的摇摆字。

○ 学习目标

（1）掌握文本的分离。

（2）掌握旋转中心点的设置及变形面板的使用。

【分析与设计】

（1）运用文本工具输入文字。

（2）文本的分离。

（3）左右摇摆的制作。

（4）上下摇摆的制作。

【操作步骤】

（1）新建一个 Flash CS5 AS 2.0 文档，设置舞台背景颜色为"黑色"，舞台大小为"450×300 像素"，其他保持默认设置。

（2）将"图层 1"命名为"背景"，导入"素材 / 单元 5"中的图片文件"草原 .jpg"，并设置其与舞台大小匹配。

（3）选择"文本工具（T）"，在文本工具"属性"面板中将文本引擎设为"传统文本"，"文本类型"设为"静态文本"，"字体系列"为"楷体 _GB2312"，大小为"80"，颜色为"粉红色"。

（4）在舞台上输入文本"草原之恋"，如图 5-23 所示。

（5）选中输入的文字，执行"修改"→"分离"命令，将文本分离成单个字。

（6）执行"修改"→"时间轴"→"分散到图层"命令，将每个文字分散到单独的图层中，将"背景"图层拖至最下层，如图 5-24 所示。

图 5-23　输入的文字

图 5-24　图层效果

（7）在"背景"图层的第 30 帧处按 F5 键插入帧，并分别将各图层的文字转换为"草"、"原"、"之"、"恋" 4 个图形元件。

（8）在图层"草"中的第 10、20、30 帧处插入关键帧，利用"变形面板"设置第 10 帧处将文字旋转 45°，第 20 帧处将文字旋转 -45°，效果如图 5-25 所示。分别在各关键帧间创建"传统补间动画"。

（9）选择图层"原"，单击"任意变形工具"，将中心点的位置拖至图形正上方的控制点处，在第 10、20、30 帧处分别插入关键帧，利用"变形面板"设置第 10 帧，将文字旋转 30°，在第 20 帧处将文字旋转 -30°，效果如图 5-26 所示。分别在各关键帧间创建"传统补间动画"。

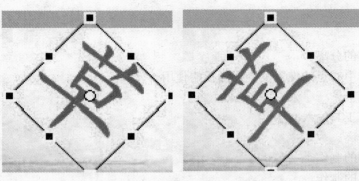

图 5-25 "草"字的旋转效果

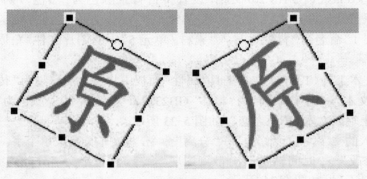

图 5-26 "原"字的旋转效果

（10）选择图层"之"，在第 15、30 帧处插入关键帧，选择第 15 帧处的图形"之"，执行"修改"→"变形"→"水平翻转"命令，在第 1 ～ 15、16 ～ 30 关键帧间创建"传统补间动画"。

（11）选择图层"恋"，在第 15、30 帧处插入关键帧，选择第 15 帧处的图形"恋"，执行"修改"→"变形"→"垂直翻转"命令，在第 1 ～ 15、16 ～ 30 关键帧间创建"传统补间动画"，各图层的时间轴效果如图 5-27 所示。

（12）按 Ctrl+Enter 键测试文字效果，如图 5-28 所示。

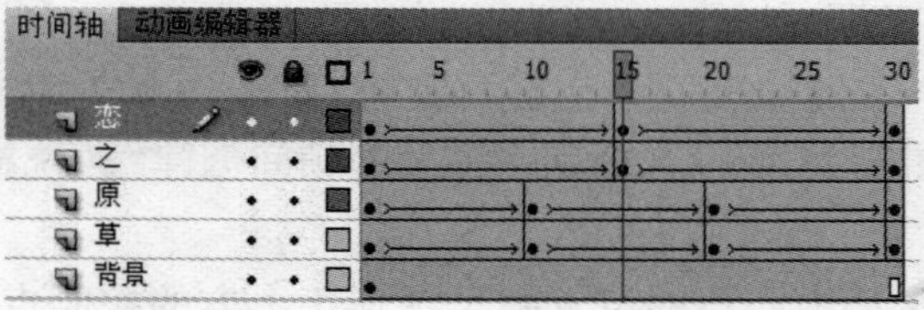

图 5-27 时间轴效果

图 5-28 摇摆文字效果图

◇ **总结提升**

本例主要介绍了文字的分离、文字分散到各图层以及运用变形面板来创建摇摆文字的效果。在应用的过程中，可以在旋转的同时进行位置的移动、透明度的变化等。

任务 5.2.2 制作迫近文与涟漪字

✻ **任务描述**

制作迫近文和涟漪字。

◯ **学习目标**

(1) 掌握"矩形工具"及"椭圆工具"的运用。
(2) 了解"文本工具"的运用。
(3) 了解转换成元件方法。
(4) 掌握元件属性的设置。
(5) 了解遮罩层的运用。

【分析与设计】
(1) 改变元件的大小和透明度来设置迫近文字效果。
(2) 运用水波效果的影片剪辑和遮罩来制作涟漪字效果。

【操作步骤】

1. 迫近文字的制作

(1) 新建一个 Flash CS5 AS 2.0 文档，将舞台大小设定为"400×150 像素"，背景色设置为"蓝色"，将"图层 1"命名为"背景"。

(2) 单击工具面板中的"矩形工具"，在"矩形工具"面板中设置"笔触颜色"为"白色"，"填充颜色"为"无"，"笔触高度"为"5"，"笔触样式"为"虚线"，绘制一个方框线，如图 5-29 所示。

(3) 新建图层 2，单击工具面板中的"文本工具"，在"文本工具"面板中的"字符"区域中设置"系列"为"楷体 _GB2312"，"大小"为"90"，"颜色"为"白色"，输入文本"团结勤奋"，如图 5-30 所示。

图 5-29 绘制的矩形框线

图 5-30 输入的文本

(4) 执行"修改"→"分离"命令，将 4 个字分离成单字，执行"修改"→"时间轴"→"分离到图层",将 4 个字分离至 4 个图层中,将多余的图层删除。

(5) 将"结"图层中的第 1 关键帧拖至第 11 帧,将"勤"图层中的第 1 关键帧拖至第 21 帧,将"奋"图层中的第 1 关键帧拖至第 31 帧。

(6) 分别在"团"图层中的第 10 帧处插入关键帧,在"结"图层中的第 20 帧处插入关键帧,在"勤"图层中的第 30 帧处插入关键帧,在"奋"图层中的第 40 帧处插入关键帧,在各图层的关键帧间创建"传统补间动画"。

(7) 选中各帧的第 50 帧,按 F5 键插入帧,时间轴效果如图 5-31 所示。

(8) 分别选中第 1 帧的"团"、 第 11 帧的"结"、 第 21 帧的"勤"、 第 31 帧的"奋",用"任意变形工具"将字缩小,在"属性"面板的"色彩效果"区域中设置"Alpha"为值为"0%"。

(9) 按 Ctrl+Enter 键测试效果。

2. 涟漪字的制作

(1) 新建一个 Flash CS5 AS 2.0 文档,将舞台大小设定为"200×150 像素",背景色设置为"绿色"。

(2) 新建一个名为"圆环"的图形元件,在工具面板中选择"椭圆工具",在"椭圆工具"属性面板中将"笔触颜色"设为"白色","填充颜色"设为"无","笔触高度"设为"10","笔触样式"为"实线",按住 Shift 键绘制一个圆,利用"对齐"面板设置"水平中齐"和"垂直中齐"。

(3) 执行"修改"→"形状"→"将线条转换为填充"命令。

(4) 新建影片剪辑"涟漪",在库中将"圆环"图形元件拖至舞台中,利用"对齐"面板将"圆环"实例设置为"水平中齐"和"垂直中齐",分别新建 4 个图层,从第 1 ~ 4 图层依次将"圆环"实例放大,如图 5-32 所示。

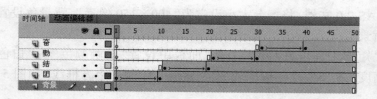

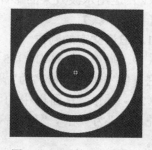

图 5-31 时间轴效果图　　　　　　　　图 5-32 圆的大小设置

(5) 分别在图层 1 的第 15 帧,图层 2 的第 25 帧,图层 3 的第 35 帧,图层 4 的第 45 帧插入关键帧,并将所对应的"圆环"实例运用"任意变形工具"放大,在各图层的关键帧间创建"传统补间动画",如图 5-33 所示。

(6) 单击"场景 1",返回至场景舞台,将库中的"涟漪"影片剪辑元件拖至舞台,运用"任意变形工具"将其变成椭圆形。

(7) 新建图层 2,单击"文本工具",在"文本工具"面板中的"字符"区域中设置"系列"为"楷体_GB2312","大小"为"90","颜色"为"红色",输入文本"涟漪",如图 5-34 所示。

(8) 右单击"图层 2",在弹出的快捷菜单中执行"遮罩层"命令。

（9）按 Ctrl+Enter 键测试效果，如图 5-35 所示。

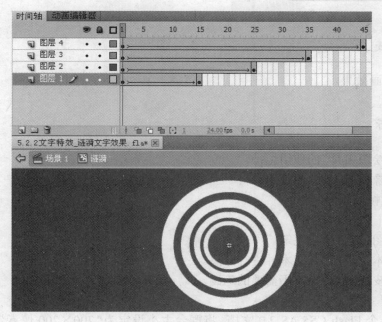

图 5-33　时间轴的安排及实例的放置

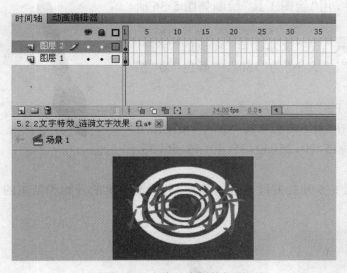

图 5-34　文本及实例的位置

图 5-35　效果图

◇ 总结提升

在制作迫近文字效果的过程中，要注意元件属性的设置、元件在时间轴中出现的先后顺序。涟漪字的制作中，关键之处在于水波纹的制作，再结合遮罩的作用，就制作成了我们所需要的效果。

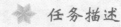

任务 5.2.3 　制作写字动画

✱ **任务描述**

制作写字动画效果。

◎ **学习目标**

（1）掌握"绘图工具"的使用。
（2）掌握"橡皮擦工具"的使用。
（3）掌握逐帧动画的制作。

【分析与设计】

（1）用"绘图工具"绘制毛笔。
（2）用"文本工具"输入文本并进行分离。
（3）用"橡皮擦工具"擦除不需要的笔画。

【操作步骤】

（1）新建一个 Flash CS5 AS 2.0 文档，将舞台大小设定为"200×200 像素"，背景色设置为"蓝色"，将"图层 1"命名为"文字"。

（2）新建名为"毛笔"的图形元件，用"绘图工具"绘制如图 5-36 所示的毛笔。

（3）单击工具面板中的"文本工具"，在"文本工具"面板的"字符"区域中设置"系列"为"楷体_GB2312"，"大小"为"150"，"颜色"为"黑色"，输入文本"例"。

（4）执行"修改"→"分离"命令，将字"例"进行分离。

（5）新建图层并改名为"毛笔"，在"库"面板中将"毛笔"元件拖至第 1 帧，分别在两图层中的第 5、10、15、20、25、30、35、40、45、50、55、60、65、70、75 帧处插入关键帧。

图 5-36　毛笔

（6）运用"橡皮擦工具"分别在第 1、5 帧处擦除多余的笔画，并调整毛笔的开始和结束的位置，如图 5-37 所示。

图 5-37　第 1 帧和第 5 帧笔划及毛笔的位置

（7）按照步骤5的方法，依次擦除"文字"图层中的多余的笔划及调整"毛笔"图层中"毛笔"的位置。

（8）按"Ctrl+Enter"测试效果并保存，效果如图 5-38 所示。

图 5-38　写字动画效果

◆ **总结提升**

本例运用逐帧动画的方法来制作写字动画效果，在制作的过程中，特别需要留意每两个关键帧间应保持哪些笔画，如果需要将毛笔在运动的过程中更流畅一点，可运用引导层加以引导。

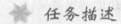 **任务 5.2.4　制作打字动画**

❋ **任务描述**

利用逐帧动画制作打字动画效果。

◎ **学习目标**

（1）了解利用"文本工具"输入文字并进行分离。

（2）掌握逐帧动画的制作方法。

【分析与设计】

（1）导入图片和输入文字。

（2）在规定的关键帧处保留所需的汉字。

【操作步骤】

（1）新建一个 Flash CS5 AS 2.0 文档，设置舞台背景颜色为黑色，舞台大小为"500×300像素"，其他保持默认设置。

（2）将"图层 1"命名为"背景"，导入"素材 / 单元 5"中的图片文件"华山风光 .jpg"至舞台，利用"对齐"面板设置"水平中齐"与"垂直对齐"，在第 70 帧处按 F5 键插入帧。

（3）新建图层 2，并改名为"文字"。

（4）选择"文本工具（T）"，在文本工具"属性"面板中将文本引擎设为"传统文本"，"文本类型"设为"静态文本"，"字体系列"为"隶书"，"大小"为"60"，"颜色"为"粉红色"，在舞台上输入文本"无限风光在险峰"。

（5）连续两次执行"修改"→"分离"命令，将文字打散，如图 5-39 所示。

（6）分别在第 11、21、31、41、51、61 帧处按 F6 键插入关键帧，在第 1 帧处删除"限风光在险峰"，在第 11 帧处删除"风光在险峰"，在第 21 帧处删除"光在险峰"，在第 31 帧处删除"在险峰"，在第 41 帧处删除"在险"，在第 51 帧处删除"峰"。

（7）保存文件并按 Ctrl+Enter 键进行测试。

图 5-39　输入的文字

◇ **总结提升**

当输入的文字有多个的时候，一定要将文字打散。在各关键帧处应注意哪些字该保留，哪些字该删除。

任务 5.2.5　对文本使用滤镜效果

滤镜效果是 Flash CS5 所具有的一个重要的功能，它适合于文本、影片剪辑和按钮对象。本任务以文本为例来制作投影、模糊、发光、斜角、渐变发光、渐变斜角和调整颜色的滤镜效果。

✴ **任务描述**

利用 Flash CS5 中提供的滤镜功能制作出投影、模糊、发光、斜角、渐变发光滤镜效果的文字。

◎ **学习目标**

能够根据各种滤镜设置相应的参数。

【分析与设计】

（1）投影文字效果的制作。

（2）模糊文字效果的制作。

（3）发光文字效果的制作。

（4）斜角文字效果的制作。

（5）渐变投影文字效果的制作。

【操作步骤】

1. 制作投影效果文字

（1）选择"文本工具" T ，在属性面板中的字符区域中设置"字体系列"为"黑体"，"大小"

为"100"，"颜色"为"红色"，输入文字"我的中国心"。

（2）选中文本"我的中国心"，单击"属性"面板中的"滤镜"区域，在展开的区域左下角单击"添加滤镜"按钮 ，在弹出的"滤镜"快捷菜单中执行"投影"命令，出现"投影"属性面板，如图 5-40 所示。

（3）设置各参数如下：

模糊：可从 X 轴和 Y 轴两个方向设置投影的模糊程度，取值范围为 0 ～ 100，取值越大，模糊程序越高，此处设置"模糊 X"为"10"，"模糊 Y"为"10"，单击 按钮可解除 X、Y 方向的比例锁定，单击 按钮，可以重新锁定比例。

强度：取值范围为 0% ～ 100%，数值越大，投影的显示就越清晰，此处设置为"100%"。

品质：有"高"、"中"、"低"三项参数，品质参数越高，投影越清晰，此处设置为"高"。

角度：对投影的角度进行设置，取值范围为 00 ～ 3600，此处设置为"45"。

距离：取值范围为 -32 ～ 32，绝对值越大，投影离原文字就越远，此处设置为"10"。

挖空：可以将投影效果作为背景，显示挖空的对象部分。此处不选定。

内阴影：可以将阴影的生成方向设置为指向对象内侧，此处不选定。

隐藏对象：可以取消对象的显示，只显示投影而不显示原来的对象，此处不选定。

颜色：可以对投影的颜色进行设置，此处设置为"红色"

（4）最后的投影滤镜文字效果如图 5-41 所示。

图 5-40 "投影"参数设置

图 5-41 投影滤镜效果

2．制作模糊效果文字

（1）选择"文本工具" ，在属性面板的字符区域中设置"字体系列"为"黑体"，"大小"为"100"，"颜色"为"红色"，输入文字"我的中国心"

（2）选中文本"我的中国心"，单击"属性"面板中的"滤镜"区域，在展开的区域左下角单击"添加滤镜"按钮 ，在弹出"滤镜"快捷菜单中执行"模糊"命令，出现模糊属性面板，如图 5-42 所示。

（3）参数设置。

模糊：可从 X 轴和 Y 轴两个方向设置投影的模糊程度，取值范围为 0 ～ 100，取值越大，模糊程度越高，此处设置"模糊 X"为"10"，"模糊 Y"为"10"。

品质：有"高"、"中"、"低"三项参数，品质参数越高，投影越清晰，此处设置为"中"。

（4）最后的模糊滤镜文字效果如图 5-43 所示。

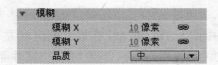

图 5-42 "模糊"参数设置

图 5-43 模糊滤镜效果

3．制作发光效果文字

（1）选择"文本工具"T，在属性面板的字符区域中设置"字体系列"为"黑体"，"大小"为"100"，"颜色"为"红色"，输入文字"我的中国心"。

（2）选中文本"我的中国心"，单击"属性"面板中的"滤镜"区域，在展开的区域左下角单击"添加滤镜"按钮，在弹出"滤镜"快捷菜单中执行"发光"命令，出现发光属性面板，如图 5-44 所示。

（3）参数设置。

模糊：可从 X 轴和 Y 轴两个方向设置投影的模糊程度，取值范围为 0 ～ 100，取值越大，模糊程度越高，此处设置"模糊 X"为"80"，"模糊 Y"为"80"，单击 ⬭ 按钮可解除 X、Y 方向的比例锁定，单击 ⬭ 按钮，可以重新锁定比例。

强度：取值范围为 0% ～ 100%，数值越大，投影的显示就越清晰，此处设置为"100%"。

品质：有"高"、"中"、"低"三项参数，品质参数越高，投影越清晰，此处设置为"高"。

颜色：可以对投影的颜色进行设置，此处设置为"红色"。

挖空：可以将投影效果作为背景，显示挖空的对象部分。此处选定。

内发光：可以将发光的生成方向设置为指向对象内侧，此处不选定。

（4）最后的发光滤镜文字效果如图 5-45 所示。

图 5-44 "发光"参数设置

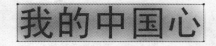

图 5-45 发光滤镜效果

4．制作斜角效果文字

（1）选择"文本工具"T，在其"属性"面板的字符区域中设置"字体系列"为"黑体"，"大小"为"100"，"颜色"为"红色"，输入文字"我的中国心"

（2）选中文本"我的中国心"，单击"属性"面板中的"滤镜"区域，在展开的区域左下角单击"添加滤镜"按钮，在弹出"滤镜"快捷菜单中执行"斜角"命令，出现"斜角"属性面板，如图 5-46 所示。

（3）参数设置。

模糊：可从 X 轴和 Y 轴两个方向设置投影的模糊程度，取值范围为 0 ～ 100，取值越大，模糊程度越高，此处设置"模糊 X"为"10"，"模糊 Y"为"10"，单击 ⬭ 按钮可解除 X、Y 方向的比例锁定，单击 ⬭ 按钮，可以重新锁定比例。

强度：取值范围为 0% ～ 100%，数值越大，投影的显示就越清晰，此处设置为"100%"。

品质：有"高"、"中"、"低"三项参数，品质参数越高，投影越清晰，此处设置为"低"。

阴影：可设置阴影的颜色，此处设置为"蓝色"。

加亮显示：可设置高光加亮的颜色，此处设置为"黑色"。

角度：对投影的角度进行设置，取值范围为 00 ～ 3600，此处设置为"45"。

距离：取值范围为 -32 ～ 32，绝对值越大，投影离原文字就越远，此处设置为"5"。

挖空：可以将投影效果作为背景，显示挖空的对象部分。此处选定。

类型：可设置斜角的应用位置，有"内侧"、"外侧"、"全部"三个选项，此处设置为"全部"。

（4）最后的斜角滤镜文字效果如图 5-47 所示。

5. 制作渐变发光效果文字

（1）选择"文本工具" T ，在其"属性"面板中的字符区域中设置"字体系列"为"黑体"，"大小"为"100"，"颜色"为"红色"，输入文字"我的中国心"。

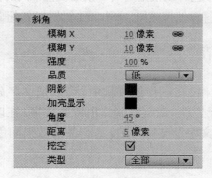

图 5-46　斜角参数设置　　　　　　　　图 5-47　斜角滤镜效果

（2）选中文本"我的中国心"，单击"属性"面板中的"滤镜"区域，在展开的区域左下角单击"添加滤镜"按钮，在弹出"滤镜"快捷菜单中执行"渐变发光"命令，出现"渐变发光"属性面板，如图 5-48 所示。

（3）参数设置。

模糊：可从 X 轴和 Y 轴两个方向设置投影的模糊程度，取值范围为 0 ～ 100，取值越大，模糊程度越高，此处设置"模糊 X"为"10"，"模糊 Y"为"10"，单击 按钮可解除 X、Y 方向的比例锁定，单击 按钮，可以重新锁定比例。

强度：取值范围为 0% ～ 100%，数值越大，投影的显示就越清晰，此处设置为"100%"。

品质：有"高"、"中"、"低"三项参数，品质参数越高，投影越清晰，此处设置为"中"。

挖空：可以将投影效果作为背景，显示挖空的对象部分，此处选定。

角度：对投影的角度进行设置，取值范围为 00 ～ 3600，此处设置为"45"。

距离：取值范围为 -32 ～ 32，绝对值越大，投影离原文字就越远，此处设置为"10"。

类型：可设置斜角的应用位置，有"内侧"、"外侧"、"全部"三个选项，此处设置为"全部"。

渐变：可设置渐变的颜色，此处设置为"白色"至"蓝色"的渐变。

（4）最后的渐变发光滤镜文字效果如图 5-49 所示。

图 5-48　渐变发光参数设置

图 5-49　渐变发光滤镜效果

◆　**总结提升**

　　设置各种文字滤镜效果主要是通过所对应的参数面板来进行设置，设计者可以根据自己的兴趣和爱好来设置各种参数，可以进行各种滤镜效果的叠加，也可以根据两关键帧处设置不同的参数值并创建传统补间动画。如果想取消某一滤镜效果，只需选择该滤镜效果，单击"删除滤镜"按钮 即可。

小　　结

　　本活动主要通过具体的实例介绍文字特效的制作，在制作的过程中，可以把文字分离成矢量图后进行处理，也可以将文字转换成元件后再进行处理，都可以制作出特效文字，在以后的制作过程中，可以充分发挥各自的想象力，灵活地使用文字及文字特效，为作品的效果润色。

技能训练

　　1．制作风吹文字效果。
　　导入"素材 / 单元 5"中的图片文件"风景图 .jpg"作为背景。
　　2．制作效果如图 5-50 所示的动态彩色文字。

图 5-50　动态彩色文字

3. 制作效果如图 5-51 所示的写字动画。

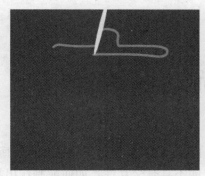

图 5-51 写字效果图

4. 制作模拟在 Word 中的打字动画效果，后面出现一个闪烁的光标，效果如图 5-52 所示。

图 5-52 打字效果图

5. 制作具有动态效果的模糊和浮雕文字效果，文字内容为"我的中国心"。

单元 6

ActionScript 动画编程

通过前面各单元的学习，我们已经可以使用 Flash CS5 来制作一些基本的动画了，但是这些动画还过于单一，用户只能浏览，不能参与其中，即不具有交互性。如何能制作出具有交互功能的动画，使用户能参与并控制动画的本身呢？这就是本单元将介绍的动画编程。通过学习基础的动画编程，可以制作出可交互的动画，当用户使用鼠标或键盘等操作时，则使动画具有跳转或执行相应的程序等。

活动 6.1　初识 ActionScript

任务 6.1.1　ActionScript 简介和"动作"面板

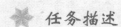 任务描述

本任务主要熟悉 ActionScript 的相关概念和编写程序的界面（即"动作"面板），通过描述一个简单的小鸟飞翔的实例让大家了解如何使用"动作"面板添加动作指令，从而使动画能根据指令运行。

学习目标

（1）掌握有关动作脚本的几个概念。
（2）了解添加动作脚本的编程环境。
【分析与设计】
本例动画由 5 帧组成，这 5 帧组成了一段小鸟飞翔的动画。使用"动作"面板，添加动作指令，使动画运行到第 3 帧时停止运行。
【操作步骤】
（1）新建一个 Flash 文档，所有属性使用默认设置。
（2）把本任务素材导入到库中。
（3）每帧对应一张小鸟素材图片。
（4）选择第 3 帧，按下 F9 键，调出"动作"面板。
（5）在脚本区内输入"stop（）;"指令。

（6）按 Ctrl+Enter 键测试动画。

◆ **总结提升**

1. ActionScript 的基本概念

添加了程序代码，使之具有感应事件并发生动作的动画，称为交互式动画。如图 6-1 所示是一个简单的倒计时动画，单击"开始"按钮后能自动运行倒计时，单击"暂停"按钮后，倒计时暂停。交互式动画的编程语言是一种用于设定当动画遇到问题，并如何解决该问题的一串指令。这也就实现了动画本身的智能性。

图 6-1　倒计时动画

ActionScript 称为动作脚本，是制作交互式动画的编程语言，是 Flash 内置的编程语言。使用动作可在 Flash 内容和应用程序中实现交互性、数据处理以及其他功能，制作出的动画可以让浏览者参与交互，大大增强了动画的智能性。ActionScript 是一种吸收了 C++、Java 以及 JavaScript 等编程语言部分特点的新的编程语言，它和 JaveScript 语法结构相似。和其他编程语言一样，ActionScript 的一个行为主要包含事件和动作。

根据运行环境与语法的区别，ActionScript 语言主要有两个版本：ActionScript 2.0 和 ActionScript 3.0。本单元将采用 ActionScript 2.0 版本进行介绍。创建一个 ActionScript 2.0 版本的 Flash 文件时，在"新建文档"窗口中选择"Flash 文件（ActionScript 2.0）"，如图 6-2 所示。

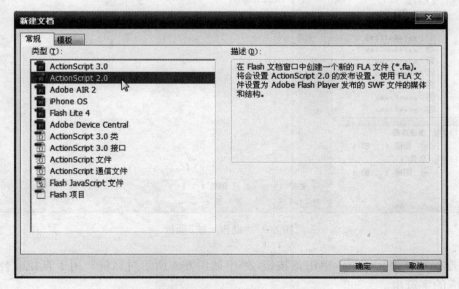

图 6-2　新建 ActionScript 2.0 文件

在交互式动画编程中,事件是指触发动作的信号,如鼠标操作、键盘操作等。动作是指当遇上事件后,动画将如何运行,即事件的结果。

2."动作"面板

"动作"面板是 Flash 的编程环境,是用于输入代码、指挥 Flash 动画如何运行的地方。由于 Flash 的动作只能在帧、按钮或影片剪辑上进行添加,因此"动作"面板分为 3 种:"动作－帧"、"动作－按钮"和"动作－影片剪辑"面板。三种面板的内容及使用方法基本一致。如图 6-3 所示是一个标准模式下的"动作－帧"面板,在编写动作脚本时,只要把代码添加在"动作"面板上即可。"动作"面板的打开方法主要有以下 3 种:

(1)选择菜单栏"窗口"→"动作"命令。

(2)按下 F9 键。

(3)选取目标帧或需要添加动作的对象,右击鼠标,选择"动作"命令。

"动作－帧"面板上的主要窗格及部分按钮的功能介绍如下:

(1)代码编辑窗格(脚本区):该窗格作为输入和编辑脚本代码的区域,所有的代码都在这里编写。

(2)动作指令窗格:该部分把 Flash 中所有可用的动作指令按照类别分好,只需选择需要的动作并双击,就能自动地将其添加在程序编写区。

(3)对象列表窗格:列出了在场景上所有对象并显示当前所选对象名称。

(4)添加动作按钮💠:单击该按钮,动作指令将以菜单命令列表的形式显示,其添加效果和使用窗格添加一样。

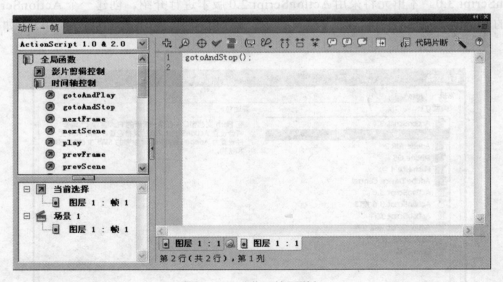

图 6-3 "动作－帧"面板

(5)查找和替换按钮🔍:单击该按钮,弹出如图 6-4 所示对话框。用于查找或替换程序编写区的相应的字符串。

(6)插入路径按钮⊕:程序编写区所选对象的目标路径,路径可以是相对路径,也可以是绝对路径。

（7）语法检查按钮 ✓：该按钮可以自动地检查输入的动作指令是否正确，若有错误，则会显示相应的提示信息。

"动作"面板就是一个输入指令，控制动画运行的重要环境，在该环境中，有着各种各样的指令供动画制作者利用，充分了解这些指令并熟练掌握，是成为高级动画制作人员的关键技能。另外还需有一定的编程基础，下一任务将带领大家开始探索基本的动画编程，从而实现高级的动画制作。

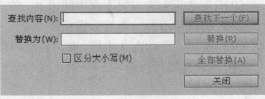

图 6-4　查找命令

任务 6.1.2　动作脚本的术语及语法规则

✱ **任务描述**

本任务通过一个简单的如图 6-5 所示的加法运算器动画的制作，进行动作脚本语法规则的学习。

◉ **学习目标**

掌握动作脚本的基本语法，如变量和运算符等。

【分析与设计】

（1）2 个输入文本框，用于输入需要计算的数值。

（2）1 个动态文本框，用于显示两数之和。

（3）1 个等号按钮，单击等号按钮后，在动态文本框中显示出结果。

（4）3 个文本框需要分别设置 3 个变量，用于计算。

【操作步骤】

（1）新建一个 Flash 文档，所有属性使用默认设置。

（2）添加一个具有渐变色的矩形。

（3）添加一个静态文本框，输入"加法运算器"，字号为 50。

（4）添加两个输入文本框 text1 和 text2。嵌入字体为数字，如图 6-6 所示。

图 6-5　加法运算器

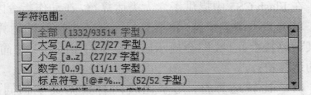

图 6-6　嵌入字体

（5）分别给两个输入文本框添加变量 a 和 b。

（6）取消这两个文本输入框的自动调整字距选项，如图 6-7 所示。

（7）在这两个输入文本框中间添加一个静态文本框，输入"+"。

（8）制作并添加一个等号按钮。

（9）添加一个动态文本框，取消自动调整字距选项，添加变量 c。

（10）选择等号按钮，按 F9 键。在"动作"面板中输入如图 6-8 所示代码。

颜色：■ □ 自动调整字距

图 6-7 取消自动调整字距选项

```
on (release) {
    c=Number(a)+Number(b);
}
```

图 6-8 动作代码

（11）按 Ctrl+Enter 键测试动画。

◆ **总结提升**

1. 数据类型

在 ActionScript 中和其他编程语言一样，会用到数据，常用的数据类型如下：

（1）数值型，表示数量，可以进行数值运算的数据类型，如 152、12.36 等。

（2）字符型：表示字符，包括中文字符、英文字符、数字字符和其他 ASCII 码字符等。

（3）逻辑型：逻辑判断型数据，取值有两种：一种为逻辑真，用"True"或"1"表示；另一种为逻辑假，用"False"或"0"表示。

2. 变量

变量是可以改变的量。变量的命名只是一个标识，指定存储变量空间。

变量的命名规则要注意以下三点：

（1）变量名称的第一个字符不允许是数字。

（2）变量的名称不能是 ActionScript 中的关键字（保留字）。

（3）变量的名称不区分英文大小写。

3. 常量

和变量刚好相反，常量主要表示不变的量，所以称之为常量。它们可以是数字，也可以是字符或字符串。如 π 为 3.14，可设定 Pi 为常量，并赋值给它，例如，Pi=3.14，以后 Pi 就表示 3.14 了。

4. 运算符

在 Flash CS5 中提供了六大类运算符，在动作指令区可看到，如图 6-9 所示。

单击某类型运算符，将展开显示该类型所有的运算符，鼠标若是停留在某运算符上几秒，即会提示该运算符的作用。下边简单介绍几大常用类型的运算符：

（1）比较运算符：用于比较两种数据类型相同的数据，返回值为 True 或 False。

（2）算术运算符：用于对数值数据进行运算。

图 6-9 运算符

5．表达式

表达式是符号与运算符的组合。简单的表达式可以是一个常量、变量函数。可以用运算符将两个或更多的简单表达式连接起来组成复杂的表达式。

表达式有以下三种：

（1）算术表达式，如 A=12+5。

（2）字符串表达式，如 B="abcd"+10。

（3）逻辑表达式，如 C>=4，如果成立，其值为 True，否则为 False。

6．语句

语句是由一条或多条表达式组成，能构成一定意义的句子。表达式之间用分号隔开。

7．程序结构

前面介绍了动作脚本的组成要素，但是要把这些要素有机地组合起来，形成完整的一套动作脚本，还需要认识该脚本的语句结构，这就好比学写英文文章一样，认识了英文单词之后，还需学习英文的语法结构，才能写出一篇英文文章。

ActionScript 采用了结构化的设计方法，使得程序结构清晰，易读性强。结构化设计方法有三种基本控制结构：顺序结构、选择结构和循环结构。

（1）顺序结构。

顺序结构是一种最基本、最简单的结构，是一种按从上到下顺序执行语句的结构。

（2）选择结构。

用顺序结构只能编写一些简单的动作，在实际应用中，还存在很多问题需要判断，不同的情况，使用不同的处理方法。选择结构进行条件判断，根据判断的结果决定执行何种操作。

选择结构包含以下几种：

① 语法格式 1：

```
if(条件表达式) {
语句块 ;}
```

功能：当条件表达式成立时，执行语句块。

② 语法格式 2：

```
if(条件表达式) {
语句块 1;}
else{
语句块 2;}
```

功能：当条件表达式成立时，执行语句块 1，否则执行语句块 2。

③ 语法格式 3：

```
if( 条件表达式 1){
语句块 1;}
else if( 条件表达式 2){
语句块 2;}
…
else if( 条件表达式 n){
语句块 n;}
```

功能：当条件表达式 1 成立时，执行语句块 1，否则当条件表达式 2 成立时，执行语句块 2，以此类推。

④ 语法格式 4：

```
switch( 控制表达式 ){
case 常量表达式 1：
语句块 1；
case X2：
语句块 2；
…
case Xn：
语句块 n；
default：
语句块 X}
```

功能：取表达式从上至下，分别比较是否等于 X1、X2…Xn，若等于某一个值，则执行对应的语句块。如若表达式等于 X2，则执行语句块 2。

若没有匹配的值，则 default 后的语句块。

（3）循环结构。

循环结构，就是对某一程序段重复执行若干次，被重复执行的语句块称为循环体，是否执行循环体及执行多少次，取决于条件是否满足或循环步长。

● for 循环

语法格式：

```
for( 初始值 ；条件表达式 ；步长 ){
循环体 ;}
```

功能：

① 初始值是一个表达式，也可以是用逗号分开的多个表达式。用于初始化循环变量。

② 条件是一个条件表达式，一般结合循环变量使用，若条件满足，则执行循环体，否则退出循环。

③ 步长是一个数值表达式，也可以是一个数值，默认值为 1。

执行过程如下：

① 循环变量被赋初始值。

② 判断条件是否满足，若满足，执行循环体，把循环变量和步长相加。

③ 继续判断条件是否满足，若满足，继续执行循环体，若不满足，则退出循环。

例如：

```
var sum=0;
var i;
for (i=1;i<=10;i++){
sum=sum+i}
```

该例子用于求算1+2+…+10的和。

● while 循环

语法格式：

```
While( 条件表达式 ){
    循环体 ;}
```

功能：

只要满足表达式，则执行循环体，否则退出循环，继续执行 while 循环的后续语句。

小　　结

本活动简单学习了动作脚本中的一些术语及语法规则。控制语句在动作脚本中将会有广泛的运用，掌握脚本的语法结构是编写复杂、全面脚本的基础，只有掌握了这些，才能更灵活地设计出所需交互式动画。

技能训练

制作一个如图 6-10 所示，能进行整数的四则运算的运算器。

图 6-10　四则运算器

活动 6.2　创建简单交互动画

任务 6.2.1　常见的动作示范——帧动作

任务描述

本任务将通过制作一个简单的帧动画，运行时从 10 向 1 进行倒数，最后显示"时间到！"，如图 6-11、图 6-12 和图 6-13 所示，从而学习如何在 Flash 动画中添加帧的动作。

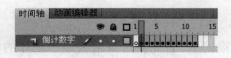

图 6-11　"时间轴"面板

图 6-12　第 2 帧

图 6-13　第 12 帧

◎ **学习目标**

掌握在"动作－帧"面板上添加动作脚本，使动画具有对帧进行操作的效果。

【分析与设计】

根据以往的知识，动画从第 1 帧开始运行到最后一帧后，将返回第 1 帧进行循环播放。这不符合实际要求，要使动画进行到最后一帧后停止运行，可在最后一帧地方添加 stop 动作指令，让其运行至最后一帧完毕后停止循环。

【操作步骤】

（1）在"时间轴"面板上建立名为"倒计时"图层，从第 2 帧开始到第 11 帧，分别插入文本"10"、"9"、"8"…"1"，第 12 帧插入文本"时间到！"

（2）选择第 12 帧，按下 F9 键，调出"动作－帧"面板，在动作指令窗格内单击展开"时间轴控制"菜单，双击 stop 指令，如图 6-14 所示，指令自动添加进代码编辑窗格。添加指令后时间轴如图 6-15 所示，表示在第 12 帧上已添加动作指令。

图 6-14　动作指令

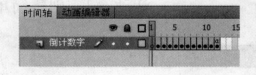

图 6-15　"时间轴"面板

（3）按下 Ctrl+Enter 键进行测试，该动画运行时，在播放完第 12 帧后，画面将一直停留在第 12 帧上。

◆ **总结提升**

帧动作的添加方法其实很简单，首先要选择需要添加动作的帧，然后调出"动作－帧"面板，在代码编辑窗格里输入所需脚本代码，添加动作后，该帧上将显示多一个符号"a"，如图 ▇ 所示，表示该帧具有动作。

在如图 6-16 所示"动作－帧"面板上,动作指令窗格里提供了 9 种常用的针对帧的动作指令,动画设计者可以根据控制帧的播放次序。

这 9 种动作指令介绍如下:

（1）gotoAndPlay 指令:

语法格式: gotoAndPlay([场景名], 帧号)

功能: 指定从某帧开始播放,参数场景名是可选项,指定播放帧所在的场景,若省略,则为当前场景。

（2）gotoAndStop 指令:

语法格式: gotoAndStop([场景名], 帧号)

功能: 指定转到某个帧并停止播放动画。

（3）nextFrame 指令:

图 6-16 时间轴控制指令

语法格式: nextFrame()

功能: 播放下一帧,并停在下一帧。

（4）nextScene 指令:

语法格式: nextScene()

功能: 播放下一场景。

（5）play 指令:

语法格式: play()

功能: 播放接下来的帧。

（6）prevFrame 指令:

语法格式: prevFrame()

功能: 播放上一帧,并停在上一帧。

（7）prevScene 指令:

语法格式: nextScene()

功能: 播放上一场景。

（8）stop 指令:

语法格式: stop()

功能: 动画播放时,运行至当前帧后停止播放。

（9）stopAllSounds 指令:

语法格式: stopAllSounds()

功能: 动画播放时,停止动画中所有声音的播放,但不停止画面的播放。

综上所述,如果让倒计时动画段运行效果只倒数"10"、"8"、"6"、"4"、"2"、"时间到！",可利用 nextFrame 指令和 play 指令实现。

操作步骤如下:

① 调出"文档设置"对话框,修改帧频为 0.5 fps,如图 6-17 所示。

② 选择第 3 帧（文本显示 9 的那一帧）,调出"动作－帧"面板,在代码编辑窗格中添加 nextFrame 指令和 play() 指令。如图 6-18 所示。

③ 对第 5、7、9 帧及第 11 帧进行同上操作。时间轴如图 6-19 所示。

图 6-17 修改帧频

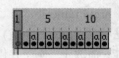

图 6-18 添加代码　　　　　　图 6-19 时间轴

任务 6.2.2　常见的动作示范——按钮动作

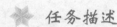 任务描述

本任务将进行按钮动作的学习，掌握基本的按钮动作指令，制作出简单的交互式动画。在上一任务"倒计时"的基础上，添加了两个按钮，分别是"开始"和"暂停"按钮。运行时，当单击"开始"按钮后，将进行倒计时，当单击"暂停"按钮时，倒计时暂停，如图 6-20 所示。

图 6-20 效果图

○ 学习目标

掌握在"动作－按钮"面板上添加动作脚本,使动画中的按钮具有对事件响应的效果。

【分析与设计】

该动画在开始运行时,应停留在第 1 帧,单击"开始"按钮之后才运行动画,从第 1 帧转到下一帧中。这涉及事件的响应及相关的动作。同理,单击"暂停"按钮,也涉及事件的响应及相关的动作。特别提醒在第一帧和最后一帧需添加停止动作。

【操作步骤】

在上一任务帧动作案例的基础上完成该案例。具体的操作步骤如下:

(1)分别选择第 1 帧和最后一帧并添加"stop();"指令。目的是在运行时,动画停止在第 1 帧上;播放到最后一帧时禁止循环播放。

(2)打开上一任务帧动作案例 2 新建图层 2,命名为"其他对象",在第 1 帧中,往该图层添加已做好的两个按钮元件"开始"和"暂停",以及两个图形元件"倒计时"文本和矩形边框,如图 6-21 所示。

(3)选择该图层的第 12 帧,右击鼠标,选择"插入帧"命令,使这 12 帧相同。

(4)新建图层 3,命名为"点击开始",选择该图层的第 1 帧,右击鼠标,选择"插入关键帧"命令,在该帧的场景中,添加内容为"点击开始"的文本。"时间轴"面板如图 6-22 所示。

图 6-21　图层画面

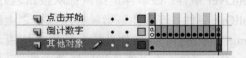

图 6-22　"时间轴"面板

(5)使用"选择"工具选取"开始"按钮,调出"动作－按钮"面板,在代码编辑窗格输入指令,如图 6-23 所示。

(6)选取"暂停"按钮,调出"动作－按钮"面板,输入指令,如图 6-24 所示。

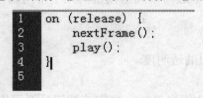

图 6-23　"开始"按钮指令

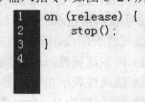

图 6-24　"暂停"按钮指令

(7)完成后可按 Ctrl+Enter 键测试。

◇ 总结提升

要制作该程序动画,首先要了解按钮的事件和按钮的相关属性,这样才能结合相关指令完成按钮动作的设计。

(1)按钮的事件。

事件是指触发动作的信号，如鼠标操作、键盘操作等。在"动作－按钮"面板上，提供了有关按钮的事件，添加动作按钮 ，如图 6-25 所示，双击"on"命令后，自动往代码编辑窗格添加了 on 事件，如图 6-26 所示。

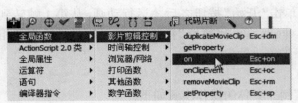

图 6-25　添加动作按钮

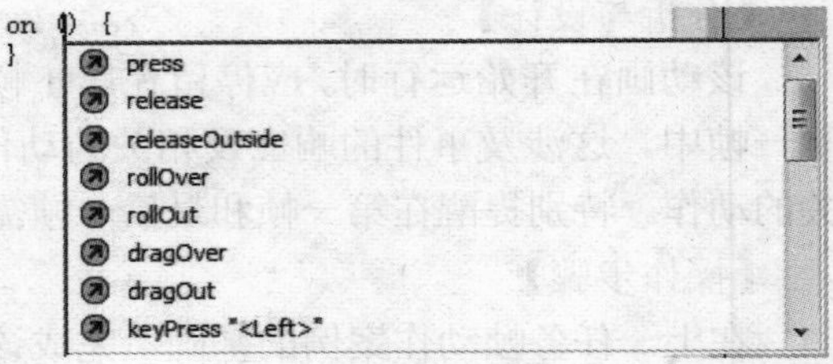

图 6-26　代码提示

格式：on（事件） {
　　语句块 ;}

功能：当按钮发生某个事件，将触发执行语句块。

针对按钮不同的操作，按钮的事件可分为八大类：

① press 事件：该事件是指鼠标在该按钮之上，单击左键，不释放鼠标。

② release 事件：该事件是指鼠标单击该按钮后，松开鼠标。

③ releaseOutside 事件：该事件是指当鼠标单击该按钮后，不释放鼠标，离开按钮后，释放。

④ rollOver 事件：该事件是指鼠标从按钮之外移动到按钮之上。

⑤ rollOut 事件：该事件是指鼠标从按钮之上移动到按钮之外。

⑥ dragOver 事件：该事件是指鼠标单击按钮，在按钮内部拖曳。

⑦ dragOut 事件：该事件是指鼠标单击按钮，拖曳鼠标至按钮外围。

⑧ keypress"< 键名 >"事件：该事件指定键盘上某个按键被按下时发生。

（2）按钮的属性。

ActionScript 作为面向对象编程语言，其中按钮作为元件对象，也有自己的属性，因此在编程过程中可设置按钮的属性，满足实际应用所需。下边简单列出按钮的几个常用属性：

① _x 属：该属性表示按钮水平的坐标位置。

② _y 属性：该属性表示按钮垂直的坐标位置。

③ _alpha 属性：阿尔法属性，该属性表示按钮的透明度。

④ _name 属性：该属性表示按钮的名称

⑤ enabled 属性：该属性为 Boolean 类型，默认值为 True。决定该按钮是否可用。

⑥ _visible 属性：该属性为 Boolean 类型，默认值为 True。决定该按钮是否可见。

在上面的案例中，还有地方需要完善，例如刚运行动画的时候，"暂停"按钮应该是不可用的，只有当单击"开始"按钮后，才能激活"暂停"按钮。具体的操作步骤如下：

　　① 打开"暂停"按钮的属性面板，设置按钮的实例名称为"command2"

　　② 选择"暂停"按钮所在的"其他对象"图层，选择第 1 帧，调出"动作"面板，输入代码，如图 6-27 所示。

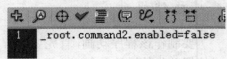

图 6-27　"暂停"按钮不可见

注意：这里的 _root 表示主场景，"."通常用来表示一个对象的属性或方法，该代码表示主场景里的"暂停"按钮的 enabled 属性为 False。

③ 完成后可按快捷键 Ctrl+Enter 进行测试。

任务 6.2.3　常见的动作示范——影片剪辑动作

✿ 任务描述

本任务将学习使用"动作－影片剪辑"面板对场景中的影片剪辑进行编程，使之具有交互性。本任务还是使用"倒计时"动画程序，与之前不同的是，"倒计时"数字部分是作为影片剪辑元件插入到场景中。如图 6-28 所示。"点击开始"元件为影片剪辑。鼠标单击影片剪辑元件后，该影片剪辑将播放，进行倒计时。在倒计时过程中，按下键盘上的任意键，影片剪辑将停止。

图 6-28　片头

❋ 学习目标

掌握在"动作－影片剪辑"面板上添加动作脚本，使动画具有对影片剪辑控制的效果。

【分析与设计】

要在代码中控制影片剪辑的行为，需给影片剪辑建立一个名称，结合不同的事件，做出相应的响应。由于影片剪辑作为相应对象，因此只需选择该影片剪辑，添加相应代码指令即可完成指定任务。

【操作步骤】

在本任务中，没有"开始"按钮和"暂停"按钮，只在影片剪辑对象上添加动作脚本，使之具有开始和暂停功能。具体的操作如下：

（1）制作一个有 12 帧的影片剪辑元件"倒计时数字－影片剪辑"，在第 1 帧和第 12 帧添加 stop 指令，在第 12 帧如图 6-29 所示。

（2）回到场景，使用"选择"工具选择影片剪辑，打开其"属性"面板，设置影片剪辑的实例名为"num1"，如图 6-30 所示。

（3）把影片剪辑拖入场景中，使用"选择"工具选择影片剪辑，调出"动作－影片剪辑"面板，在代码编辑窗格输入指令，如图 6-31 所示。

图 6-29　"时间轴"面板

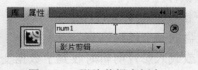

图 6-30　影片剪辑实例名

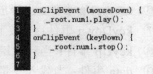

```
onClipEvent (mouseDown) {
    _root.num1.play();
}
onClipEvent (keyDown) {
    _root.num1.stop();
}
```

图 6-31　动作－影片剪辑指令

（4）完成后可按 Ctrl+Enter 键进行测试。

◆ 总结提升

在动作指令窗格中列出了有关影片剪辑控制的所有指令，如图 6-32 所示。

下边介绍几个常用的指令：

（1）duplicateMovieClip 指令：

格式：duplicateMovieClip（目标，新实例名称，层号）

功能：复制一个影片剪辑到场景的指定层中，并给予一个新名称。

（2）getProperty 指令：

格式：getProperty（实例名，属性）

功能：用来获取实例的某个属性值。

（3）onClipEvent 指令：

格式：onClipEvent（事件）{

　　语句块 ;}

功能：根据相应的事件做出响应，执行语句块。该指令也是最常用的一个影片剪辑动作指令，如图 6-33 所示。

图 6-32　影片剪辑控制的所有指令

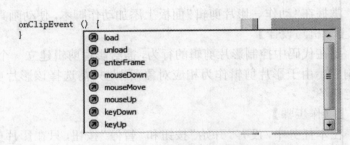

图 6-33　onClipEvent（事件）

这些事件共 9 种，分别如下：

① load 事件：当场景加载影片剪辑进时产生。

② unload 事件：当影片剪辑卸载时产生。

③ enterFrame 事件：当加载帧的时候产生。

④ mouseDown 事件：当单击鼠标左键时产生。

⑤ mouseMove 事件：当鼠标移动时产生。

⑥ mouseUp 事件：当释放鼠标左键时产生。

⑦ keyDown 事件：当按下键盘的某个键时产生

⑧ keyUp 事件：当释放键盘的某个键时产生。

⑨ data 事件：当载入变量或载入影片剪辑时收到了数据变量时产生。

（4）removeMovieClip 指令：

格式：removeMovieClip（目标）

功能：删除目标制定的对象。

（5）setProperty 指令：

格式：setProperty（目标，属性，属性值）

功能：用来设置目标影片剪辑的某个属性值。

在动画制作中，若要添加针对影片剪辑的动作指令，需要给影片剪辑设置名称，也就是编程中的对象名称，这样才能调动该影片剪辑。

小　结

本活动简单学习了在帧、按钮和影片剪辑上如何使用动作脚本，制作出简单的交互式动画。它们分别对应三种不同的面板，在面板上输入所需脚本，完成相应动作，这里简单介绍了一些指令，通过这个活动的学习，相信大家已对基本的动作脚本有所了解，并能制作出一些常见的交互式动画。在 Flash CS5 中动作脚本还有非常多的指令及函数，限于篇幅，在这不再一一详述，用户可以使用帮助文档一一查询。

技能训练

1. 制作一个随机抽签程序，程序包含 1 个文本框和 1 个按钮，单击该按钮后，能随机获取从 0～100 之间任意一个整数，并在文本框上显示，如图 6-34 所示。（提示：该动画程序使用了随机函数 random，该函数的使用方法参考帮助文档。）

图 6-34　抽签程序

2. 制作一个如图 6-35 所示的登录界面动画程序。

（a）登录界面　　　（b）输入错误的用户名或密码后出现的提示　　　（c）正确输入后进入画面

图 6-35　登录界面动画程序

活动 6.3　ActionScript 交互动画进阶

🌀 活动描述

本活动将结合编程思想，制作一个包含帧动作、按钮动作及影片剪辑动作的模拟电视机小动画。如图 6-36 所示。动画中包含一部电视机和一个电视遥控器，使用动画遥控器的按钮，可以实现打开或关闭电视及相应的转台功能。

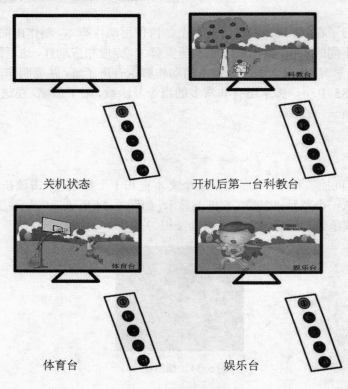

关机状态　　　　　　　　　　　开机后第一台科教台

体育台　　　　　　　　　　　　娱乐台

图 6-36　模拟电视机动画

⊙ 学习目标

熟悉动作脚本语言，更好地掌握动画编程技术。

【分析与设计】

（1）该实例中有3个电视台的画面：科教台、体育台和娱乐台。3个画面来自3个影片剪辑。

（2）开始运行时，电视机不显示画面，按下遥控器上的红色开关按钮，显示科教台影片剪辑，通过其余 4 个按钮可以转换电视频道，这 4 个按钮分别是：第一台、上一台、下一台和最后台。

（3）当需要关闭电视机时，只需按下红色开关按钮，就可关机。在这里就会涉及一个问题，红色开关按钮具有两个作用：开机和关机。

（4）需要进行条件的判断。所以要用到任务 6.1.2 中介绍的程序结构中的选择结构（if 语句）来完成。

【操作步骤】

（1）创建 3 个影片剪辑，元件名分别是"科教台"、"体育台"和"娱乐台"，这 3 个影片剪辑的具体制作过程在这就不展示了（素材都在资源库中）。

（2）创建如案例所示的 5 个按钮元件。对这 5 个按钮分别设置实例名称为："command1"、"command2"、"command3"、"command4"和"command5"。

（3）在图层 1 的第 1 帧上绘制出电视机的轮廓及遥控器轮廓，往遥控器上添加步骤（2）中创建的 5 个按钮，调整 5 个按钮的形状，修改图层 1 的名称为"L1"。

（4）新建图层 L2，选择第 2 帧，插入关键帧，在该帧上，插入"科教台"影片剪辑，调整大小、位置，使其适合电视机外框。

（5）新建图层 L3，选择第 3 帧，插入关键帧，在该帧上，插入"体育台"影片剪辑，调整大小、位置，使其适合电视机外框。

（6）新建图层 L4，选择第 4 帧，插入关键帧，在该帧上，插入"娱乐台"影片剪辑，调整大小、位置，使其适合电视机外框。界面及相关属性的设置已完成，现在需要添加动作脚本了。

（7）选择图层 L1 的第 1 帧，调出"动作－帧"面板，输入 stop 指令，使动画运行时，停留在第 1 帧，另外考虑到电视机在没开机的情况下，另外 4 个按钮为不可用，因此需要在代码里把除了开机按钮外的其余 4 个按钮也设置为不可用。"时间轴"面板设计如图 6-37 所示，帧动作代码如图 6-38 所示。

注意：这里设置了一个变量 i，并赋初值为 0。该变量用于开关按钮单击事件的判断，由于开关按钮具有两个作用，作用 1 为开机，作用 2 为关机。因此可以结合 if 语句和判定变量 i 的值来进行相应的操作，每单击一次开关按钮，i 就会在原来的基础上增加数量 1，由于它的值不是奇数，就是偶数，因此，根据它的奇偶情况，做出相应的动作，完成开机或关机。

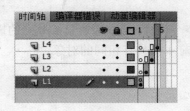

图 6-37 "时间轴"面板

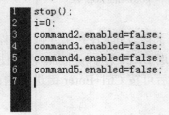

图 6-38 帧动作代码

（8）选择"command1"按钮元件（开关按钮），按 F9 键调出"动作－按钮"面板，输入如图 6-39 所示脚本。

注意：这里使用了 if 语句，用于判断 i 除以 2 的余数是否等于 1，若等于 1，即余数为奇数，则跳到第 2 帧并停止播放第 3 帧，即播放第 2 帧上的"科教台"影片剪辑。并且激活另外 4 个按钮。若不等于 1，即余数为偶数，则跳到第 1 帧，并停止播放第 2 帧。

（9）选择"command2"按钮元件，按 F9 键调出"动作－按钮"面板，输入如下所示脚本：

```
on(release){
    gotoAndStop(2);
}
```

注释：当按下该按钮，转到第 2 帧并停止播放整个动画，可以播放第 2 帧上的影片剪辑。

（10）选择"command3"按钮元件，按 F9 键调出"动作－按钮"面板，输入如图 6-40 所示脚本。

```
1  on(release){
2      i=i+1;
3      if(i%2==1){
4      gotoAndStop(2);
5      command2.enabled=true;
6      command3.enabled=true;
7      command4.enabled=true;
8      command5.enabled=true;
9      }
10     else{
11     gotoAndStop(1);
12     }
13 }
```

```
1  on(release){
2      if(_currentframe==2){
3
4      }
5      else{
6          prevFrame();
7
8      }
9  }
```

图 6-39 "command1"按钮动作代码   图 6-40 按钮 3 动作代码

注意：由于该按钮具有"上一台"按钮的作用，因此当画面跳转到第二帧时，该按钮应该不具备跳转至第 1 帧的能力。因此在代码里可加入 if 语句进行判断，_currentframe 属性表示当前帧号，判断当前帧号是否等于 2，若等于 2，表示当前画面是第 2 帧画面，什么也不用做，若不等于 2，则播放上一帧，并停在上一帧。

（11）选择"command4"按钮元件，按 F9 键调出"动作－按钮"面板，输入如下所示脚本：

```
on(release){
    nextFrame();
}
```

注释：当按下该按钮，转到下一帧并停止播放整个动画，可以播放下一帧上的影片剪辑。

（12）选择"command5"按钮元件，按 F9 键调出"动作－按钮"面板，输入如下所示脚本：

```
on(release){
    gotoAndStop(4);
}
```

注释：当按下该按钮，转到第 4 帧，并停止播放整个动画，可以播放第 4 帧上的影片剪辑。

（13）在图层 L1 的第 4 帧上插入帧，使图层 L1 前 4 帧具有相同的对象。

（14）完成后可按 Ctrl+Enter 键进行测试。

◇ 总结提升

本活动融入了 ActionScript 的编程思想，较为形象地展现了如何制作一个交互式动画的步骤与方法，动画涉及 3 个影片剪辑、5 个按钮，其中"开关"按钮是这个任务的重难点，它有两个功能，这两个功能的转换需要利用结构编程语言中的选择判断，根据变量的值来确定开关的"开"与"关"。

小　结

本单元简单学习了动作脚本的基础知识，以及如何使用动作脚本，制作交互式动画的方法。通过这个单元的学习，相信读者已对基本的动作脚本有所了解，并能制作出一些常见的交互式动画。在 Flash CS5 中，动作脚本还有非常多的指令及函数方法，限于篇幅，在这不再一一详述，大家可以使用帮助文档一一查询。

技能训练

制作一个斑马线上的行人信号灯动画，如图 6-41 所示。要求：当行人过斑马线时，若显示红灯，按下信号灯按钮，红灯经过 3 s 闪烁后将亮绿灯。（提示：通过 _currentFrame 的值可获得当前帧。）

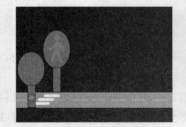 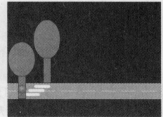 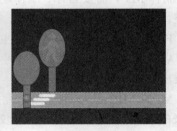

（a）红灯时按下按钮　　　　（b）红灯闪烁 3 s　　　　（c）变为绿灯

图 6-41　斑马线上行人信号灯动画界面

单元 7

声音的导入和处理

活动 7.1　导入和处理声音

在制作动画时，常常要为 Flash 动画添加声音，如制作卡通动画和搞笑片需要的人声或音效；制作 MTV 需要音乐；制作动态按钮需要特殊音效等。动画在添加声音后才能更加生动和完整。

Flash 支持的声音文件格式主要有：

WAV：WAV 文件格式是一种由微软公司和 IBM 公司联合开发的用于音频数字存储的标准，音质出色，但文件体积较大。

MP3：MP3 是一种音频压缩技术，将音乐以 1:10 甚至 1:12 的压缩率，还非常好地保持了原来的音质。MP3 格式的音乐文件每分钟只有 1 MB 左右大小，这样每首歌的大小只有 3 ～ 4 MB。

AIFF：AIFF 是 Apple 公司开发的一种声音文件格式，是一种文件格式存储的数字音频（波形）数据。

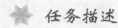
任务 7.1.1　制作心跳动画效果

✳ **任务描述**

制作一个伴随着心跳声放大或缩小的红色心形。

◎ **学习目标**

（1）了解导入声音的方法。

（2）学会声音的使用方法。

【分析与设计】

（1）使用导入功能将声音导入到库，再将库中的声音拖曳到场景，就能播放出声音。

（2）使用传统补间制作心跳放大或缩小的效果。

【操作步骤】

（1）新建一个 Flash 文档，设置动画舞台工作区的宽度为 550 像素，高为 400 像素。

（2）将"图层 1"命名为"声音"

（3）执行"文件"→"导入"→"导入到库"命令，弹出"导入到库"对话框，选中"心跳声 .wav"再单击"打开"按钮，即完成了声音文件导入，如图 7-1 所示。

图 7-1 "导入到库"对话框

（4）使用快捷键"Ctrl+L"打开库，将库中的"心跳声 .wav"元件拖入声音图层，选中第 1 帧，在属性窗口中将声音的"同步"属性设为"数据流"，如图 7-2 所示。

（5）在声音图层的第 22 帧插入关键帧，声音的波形就显示在图层上，如图 7-3 所示。

图 7-2 "声音属性"对话框

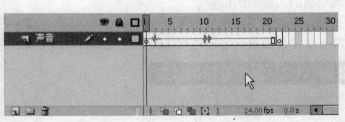

图 7-3 声音图层

（6）执行"插入"→"新建元件"命令，弹出"创建新元件"对话框。元件名称为"心"，"类型"为"图形"，单击"确定"按钮后在"心"元件中绘制一个红色的心。

（7）返回场景 1，新建一个名为"心跳"的图层，将库中"心"元件拖到"心跳"图层的第 1 帧，在第 11 帧和 22 帧插入关键帧，使用"任意变形工具"将第 11 帧的心变大，分别为第 1 帧与第 11 帧创建传统补间，动画"跳动的心"动画效果完成，如图 7-4 所示。

图 7-4　图层效果

（8）使用 Ctrl+Enter 键测试影片，可以看到，跳动的心和心跳声同步播放，如图 7-5 所示，如果声音与动画不同步，则要调整"心跳"图层关键帧的位置。

图 7-5　心跳效果

◆　总结提升

本任务的制作要点是声音与动画同步，可以根据图层上声音的波形判断声音的强弱，确定心跳动画的关键帧的位置。

导入声音时会出现导入不成功的提示，这是因为导入的声音的压缩率不在 Flash 允许之内，解决方法是使用第三方软件如 Audition 中重新对声音文件进行压缩或采样。

任务 7.1.2　制作音乐播放器

✳　任务描述

制作一个简单播音乐放器，实现"播放"、"暂停"、"停止" 3 个按钮的功能。

⊙ **学习目标**

（1）学会在属性面板中设置声音的效果。

（2）学会在属性面板中设置声音的同步。

（3）熟练掌握按钮的动作设置。

【分析与设计】

（1）导入声音，将声音的"同步"属性设为"数据流"，使音频流与时间轴同步，这样只要控制时间轴的播放就可以控制声音的播放。

（2）为了简便，可使用 Flash "公用库"中的按钮，作为控制按钮。

【操作步骤】

（1）新建一个 Flash 文档，设置动画舞台工作区的宽度为 300 像素，高为 200 像素。

（2）将"图层 1"命名为"音乐层"。

（3）执行"文件"→"导入"→"导入到库"命令，将声音文件"五彩的梦想 .mp3"导入到库中。

（4）使用快捷键 Ctrl+L 打开库，将库中的"五彩的梦想 .mp3"元件拖入"音乐层"，选中第 1 帧，在属性窗口中将声音的"同步"属性设为"数据流"，根据歌曲的长度在时间轴后面插入关键帧，本例关键帧插入到第 2961 帧。

（5）新建一个名为"背景层"的图层，在该图层上绘制播放器的界面，如图 7-6 所示。

（6）新建一个名为"控制层"的图层，在第 1 帧中添加动作"stop();"。

图 7-6 播放器的界面

（7）执行"窗口"→"公用库"→"按钮"命令，在公用库中找到"playback rounded"，将"rounded green play"、"rounded green pause"、"rounded green stop" 3 个按钮拖到控制层的第 1 帧。

（8）为"rounded green play"按钮添加动作如下：

```
on (press) {
    play();
}
```

（9）同样为" rounded green pause"按钮添加动作如下：

```
on (press) {
    stop();
}
```

（10）为"rounded green stop"按钮添加动作如下：

```
on (press) {
    gotoAndStop(1);
}
```

（11）根据音乐的长度，在"控制层" 2961 帧插入关键帧。

（12）使用 Ctrl+Enter 键测试影片，单击"播放"按钮，就可以听到音乐，如图 7-7 所示。

图 7-7　简单播放器

◇ 总结提升

将声音直接添加到动画常常不能满足动画的需要,在这种情况下,需要对导入的声音进行设置。

1. 在属性面板中设置声音的效果

选中音频层后,在属性面板中会显示当前图层使用的声音元件的名称,"效果"下拉列表框就可以设置声音的效果,如图 7-8 所示。

"效果"下拉列表框中各选项的含义如下:

(1)"无":此选项表示不使用任何效果,选择此选项后将删除以前使用的效果。

(2)"左声道":此选项表示只在左声道播放音频。

(3)"右声道":此选项表示只在右声道播放音频。

(4)"向右淡出":此选项表示声音从左声道传到右声道。

(5)"向左淡出":此选项表示声音从右声道传到左声道。

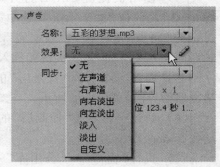

图 7-8　"效果"下拉列表框

(6)"淡入":此选项表示声音的音量开始播放时逐渐增加。

(7)"淡出":此选项表示声音的音量结束播放时逐渐减小。

(8)"自定义":此选项表示可以自己创建声音效果,并可通过"编辑封套"对话框编辑音频,如图 7-9 所示。在编辑封套中还显示了声音播放的时间,默认以秒(s)为单位,如果单击编辑封套中的"帧"按钮,则以帧为单位显示声音的长度,如图 7-10 所示。

2. 在属性面板中设置声音的同步

Flash 中有两种声音同步类型:事件声音和音频流,设置方法如图 7-11 所示。

"同步"下拉列表框中各选项的含义如下。

"事件":事件声音必须完全下载后才能开始播放,除非明确停止,否则它将一直播放到该声音结束。

"开始":如果没有声音正在播放就播放这一声音。

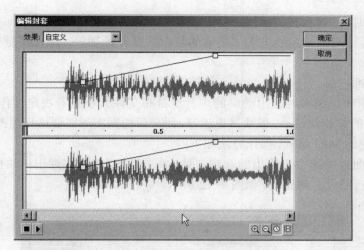

图 7-9 在"编辑封套"对话框中编辑声音

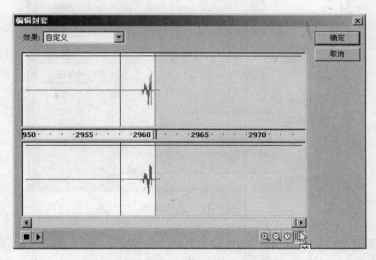

图 7-10 "编辑封套"以帧为单位显示声音的长度

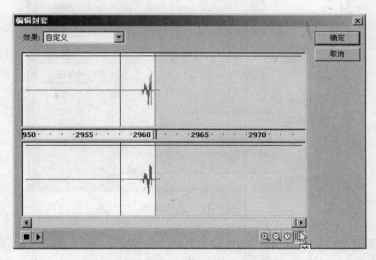

图 7-11 "同步"下拉列表框

"停止"：在声音层时间轴中要停止播放声音的帧上，创建一个关键帧，从"同步"中选择"停止"。在播放文件时，声音会在关键帧处停止播放。

"数据流"：音频流在前几帧下载了足够的数据后就开始播放；音频流要与时间轴同步，以便在网站上播放。

3．声音的压缩

音频的采样率和压缩率对输出动画的声音质量和文件大小起着决定性作用，压缩率越大，采样率越低，文件的体积就越小，但质量也越差，用户可根据实际需要进行更改。压缩声音最常用的方法将声音变为 MP3 格式，操作方法如下：

（1）在"库"面板中选中要输出的音频文件，单击鼠标右键，在弹出的快捷菜单中选择"属性"命令，打开"声音属性"对话框，如图 7-12 所示。

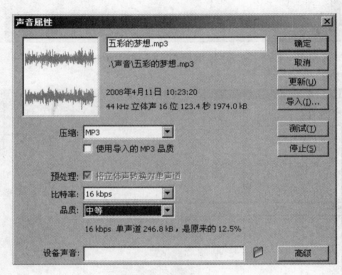

图 7-12　声音属性

（2）在"压缩"下拉菜单中选择"MP3"。

（3）在"比特率"下拉菜单中选择一个合适的选项，数值越大，生成的文件体积也越大，反之，文件体积越小。

（4）在"品质"下拉菜单中选择一个合适的选项。

（5）使用测试按钮，测试音频是否达到要求，如果不满意可以继续修改，满意后单击"确定"按钮。

小　　结

导入声音是比较简单的操作，导入各种声音的方法是一样的。声音的设置中，最重要的是掌握声音的"同步"下拉列表框中各选项的作用，只有设置好同步选项才能正确地播放声音。

技能训练

1. 制作拍皮球的动画，如图 7-13 和图 7-14 所示，并为动画配上拍球的声音。

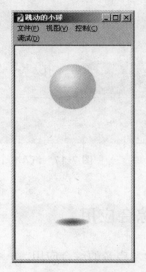

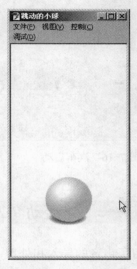

图 7-13　球在高处　　　　　　　　图 7-14　球在低处

2. 制作一个时钟动画，如图 7-15 所示，并为动画配上时钟行走时的声音。

图 7-15　时钟

3. 制作汽车启动、行驶、停止的动画，如图 7-16 和图 7-17 所示，并为动画配上汽车启动、行驶、停止的声音。

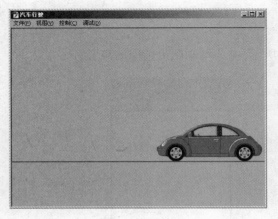

图 7-16 汽车启动

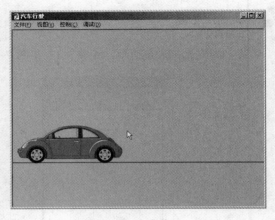

图 7-17 汽车停止

活动 7.2 声音的综合应用

前面我们学习了声音的导入和处理,下面将深入学习声音的综合应用。

任务 7.2.1 制作街舞少年动画

✳ **任务描述**

制作一个街舞少年动画,当鼠标移到"音乐"按钮上面,会发出提示声,单击该按钮,就会播放一段音乐。

◎ **学习目标**

(1)掌握为按钮添加声音的方法。

(2)学会设置声音的同步属性。

【分析与设计】

(1)导入一个少年跳街舞的 GIF 动画到库,这样库中就多了一个影片剪辑,只要将这个影片剪辑拖到场景就可以实现动画。

(2)将要播放的声音放到按钮中,利用按钮控制声音的播放。

【操作步骤】

(1)新建一个 Flash 文档,设置动画舞台工作区的宽度为 550 像素,高为 400 像素。

(2)执行"文件"→"导入"→"导入到库"命令,将声音文件"嘀声 .wav"和"街舞 .mp3"导入到库。

(3)"插入"→"新建元件"命令,打开"创建新元件"对话框,在"名称"文本框中输入"音乐",在"类型"下拉列表框中选择"按钮",单击"确定"按钮。

（4）在"弹起"绘制按钮图形如图 7-18 所示；"指针经过" 插入关键帧，并绘制按钮图形如图 7-19 所示；"按下" 插入关键帧，并绘制按钮图形如图 7-20 所示。

图 7-18　弹起　　　　　　　　　图 7-19　指针经过　　　　　　　　　图 7-20　按下

（5）为"音乐"按钮插入新图层，默认为"图层 2"，在"图层 2"的"指针经过"帧插入关键帧，并将库中的"嘀声 .wav"拖到该帧，同步属性设为"事件"，在"图层 2"的"按下"帧插入关键帧，并将库中的"街舞 .mp3" 拖到该帧，同步属性设为"开始"，按钮时间轴如图 7-21 所示。

（6）点击"场景 1"返回场景 1，将库中的"音乐"按钮拖到"图层 1"的第 1 帧。

（7）执行"文件"→"导入"→ "导入到库"命令，将动画文件"街舞少年 .gif"导入到库。

（8）使用"Ctrl+L"快捷键打开库，这时库中出现一个影片剪辑元件。将这个影片剪辑元件拖到"图层 1"的第 1 帧。

（9）使用 Ctrl+Enter 键测试影片，效果如图 7-22 所示。

图 7-21　音乐按钮时间轴　　　　　　　　　图 7-22　街舞少年动画

 总结提升

为按钮添加提示声音会增加按钮动画的趣味性。为按钮添加提示声音时要控制声音的播放时间，一般比较短。

"街舞 .mp3"的同步属性设为"开始"， 播放声音前会先检测有没有声音正在播放，如果没有，就播放这一声音，这样就不会出现两个声音同时播放的现象。

任务 7.2.2　制作简单电子琴动画

✱ **任务描述**

制作一个有 11 个琴键的简单电子琴动画，用鼠标单击琴键可以弹出相应的音阶。

学习目标

（1）掌握声音按钮的复制。

（2）掌握琴键弹起与被按下图形的绘制方法。

（3）学会声音的导入与使用。

【分析与设计】

（1）导入 11 个琴键所需的声音文件。

（2）制作一个会发出声音的琴键，再将琴键复制 10 次，修改属性里的声音名称，制成 11 个发出不同音阶的琴键。

【操作步骤】

（1）新建一个 Flash 文档，设置动画舞台工作区的宽度为 500 像素，高为 250 像素。

（2）执行"文件"→"导入"→"导入到库"命令，将电子琴所使用的声音文件导入到库，本例设计 11 个琴键，所以导入 11 个声音文件。

（3）"插入"→"新建元件"命令，打开"创建新元件"对话框，在"名称"文本框中输入"d5"，在"类型"下拉列表框中选择"按钮"，单击"确定"按钮。

（4）在"弹起"绘制按钮图形如图 7-23 所示；在"按下"帧插入关键帧，并绘制按钮图形如图 7-24 所示。

图 7-23 弹起 图 7-24 按下

（5）为音乐按钮插入新图层，默认为"图层 2"，在"图层 2"的"按下"帧插入关键帧，并将库中的"d5.mp3"拖到该帧，同步属性设为"事件"，按钮时间轴如图 7-25 所示。

（6）在库中右击"d5"按钮，在弹出的快捷菜单中选择"直接复制"，在"直接复制元件"对话框中输入新按钮的名称为"d6"，单击"确定"按钮后库中就新增了"d6"按钮。双击"d6"按钮，进入"d6"按钮编辑，修改"图层 1"的"弹起"帧与"按下"帧的文字，"图层 2"的"按下"帧的声音属性名称项修改为"d6.mp3"，如图 7-26 所示。

（7）重复第（6）步，将电子琴的所有琴键完成。

（8）返回场景 1，将库中的所有琴键拖到场景，按顺序排好，如图 7-27 所示。

（9）为电子琴加上黑键，本例的黑键只作定位，不发声，所以黑键做成图形元件。将黑键放入白键的上方，如图 7-28 所示。

（10）使用 Ctrl+Enter 键测试影片，用鼠标就可以弹出美妙的音乐了，如图 7-28 所示。

图 7-25　按钮时间轴　　　　　　　　　　　图 7-26　声音属性

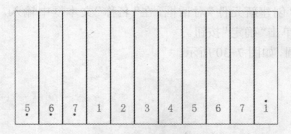

图 7-27　排好的琴键

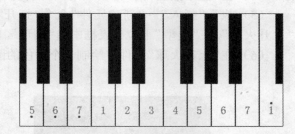

图 7-28　电子琴效果

 总结提升

通过制作电子琴，巩固了声音的导入与处理的方法，了解电子琴琴键分布与工作原理。有兴趣的读者也可以为黑键加声音，制作方法与白键一样。如果能用自己制作的电子琴弹一首简单的乐曲就更加完美了。

任务 7.2.3　制作焰火效果

任务描述

制作焰火效果，用鼠标在动画任意一个地方单击都会绽放出一个绚丽的焰火。

🌀 学习目标

（1）掌握声音的导入与处理。

（2）学会声音与动画同步。

【分析与设计】

（1）用"重制选区并变形"的方法绘制焰火。

（2）将按钮做成透明，我们单击看上去什么也没有的天空，其实布满透明的按钮，不管单击哪里，都有按钮被按下，就能绽放美丽的焰火。

【操作步骤】

（1）新建一个 Flash 文档，设置动画舞台工作区的宽度为 550 像素，高为 400 像素。

（2）执行"文件"→"导入"→"导入到库"命令，将焰火效果所使用的声音文件"上升 .mp3"和"爆炸 .mp3"导入到库。

（3）执行"插入"→"新建元件"命令，打开"创建新元件"对话框，在"名称"文本框中输入"隐形按钮"，在"类型"下拉列表框中选"按钮"，单击"确定"按钮。

（4）在"隐形按钮"的"点击"帧插入关键帧，绘制矩形响应区，如图 7-29 所示。

（5）执行"插入"→"新建元件"命令，打开"创建新元件"对话框，在"名称"文本框中输入"上升火球"，在"类型"下拉列表框中选"图形"，单击"确定"按钮。

（6）在"上升火球"元件中绘制一个黄色的圆，如图 7-30 所示。

图 7-29　按钮响应区

图 7-30　上升火球

（7）执行"插入"→"新建元件"命令，打开"创建新元件"对话框，在"名称"文本框中输入"焰火部分"，在"类型"下拉列表框中选择"图形"，单击"确定"按钮，在该元件的第 1 帧绘制焰火的部分图案，如图 7-31 所示，为了增加焰火的动感效果，在第 4 帧插入关键帧，并将图案稍微修改，如图 7-32 所示。

（8）执行"插入"→"新建元件"命令，打开"创建新元件"对话框，在"名称"文本框中输入"火花"，在"类型"下拉列表框中选"影片剪辑"，单击"确定"按钮，将库中的"焰火部分"元件拖入"火花"元件的第 1 帧，使用"任意变形工具"改变"焰火部分"的中心点的位置，如图 7-33 所示，使用快捷键 Ctrl+T 打开"变形"对话框，在"旋转"文本框中输入"36"，如图 7-34 所示，再单击"重制选区并变形" 9 次，形成一个完整的焰火，如图 7-35 所示。

图 7-31　焰火部分第 1 帧

图 7-32　焰火部分第 4 帧

图 7-33　焰火部分

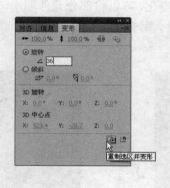

图 7-34　变形

图 7-35　完整焰火

（9）执行"插入"→"新建元件"命令，打开"创建新元件"对话框，在"名称"文本框中输入"焰火"，在"类型"下拉列表框中选择"影片剪辑"，单击"确定"按钮，将库中的"隐形按钮"元件拖入"焰火"元件"图层 1"的第 1 帧，为"隐形按钮"添加动作如下：

```
on (press) {
    play();
}
```

（10）在"焰火"元件"图层 1"的第一帧的动作设为"stop();"。

（11）在"焰火"元件"图层 1"的第 2 帧插入空白关键帧，将库中的"上升火球"元件拖到第 2 帧，放在靠下的位置，在第 20 帧插入关键帧，将"上升火球"元件拖到靠上的位置，第 2 帧设置"传统补间"，这样制成火球上升的效果。

（12）在"焰火"元件"图层 1"的第 21 帧插入空白关键帧，将库中的"火花"元件拖到第 21 帧，放在火球上升到顶点的位置，在第 50 帧插入关键帧，用"任意变形工具"将"火花"元件放大，在第 21 帧设置传统补间，这样制成焰火爆开的效果。

（13）为"焰火"元件插入新图层，默认为"图层 2"，在图层 2 的第 2 帧插入关键帧，并将库中的"上升 .mp3"拖到该帧，同步属性设为"数据流"， 在第 21 帧插入空白关键帧，并将库中的"爆炸 .mp3"拖到该帧，同步属性设为"数据流"，如图 7-36 所示。

（14）返回场景 1，将"图层 1"命名为"背景层"，并绘制背景，如图 7-37 所示。

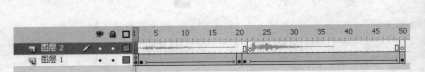

图 7-36 "焰火"元件时间轴

图 7-37 背景图层

（15）新建"焰火"图层，将库中的"焰火"元件拖到第 1 帧，复制多个"焰火"元件并排列好，保证将天空铺满，如果希望焰火有大小变化，可以将部分元件缩小，如图 7-38 所示。

（16）使用 Ctrl+Enter 键测试影片，用鼠标单击天空就可以看到美丽的焰火表演，如图 7-39 所示。

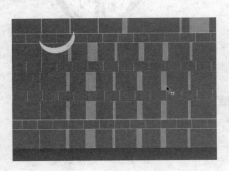

图 7-38 排好的"焰火"元件

图 7-39 焰火效果

◇ 总结提升

通过制作焰火效果加深认识和理解声音的使用方法。该任务难点在于如何控制焰火的燃放，仔细分析图 7-36 所示的"焰火"元件时间轴，可以帮助理解。焰火的样子多种多样，本例只是制作一个简单样子，有兴趣的读者可以发挥想象，做出更多、更绚丽的焰火。

小 结

声音在动画制作中有着重要的作用，有了声音，动画才会更精彩。Flash 支持多种声音格式，也提供了编辑声音的方法，但 Flash 对声音的编辑能力是有限的，如果要想更好地编辑声音，就要使用其他软件如 Adobe 公司的 Audition 软件先把声音处理好，再将编辑好的声音导入到 Flash。

技能训练

1. 制作一个水龙头滴水的动画，如图 7-40、图 7-41 所示，并配上滴水的音效。

图 7-40 滴水 1

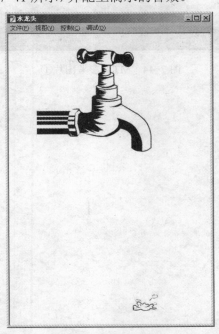

图 7-41 滴水 2

2. 制作一个投篮的动画，如图 7-42、图 7-43 所示，并配上动球、进球的音效。

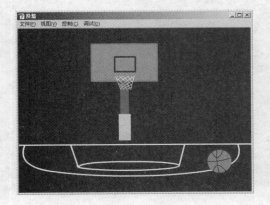

图 7-42 运球

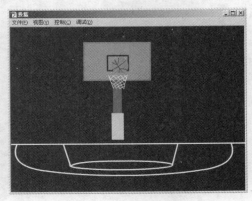

图 7-43 球投篮

3. 选择一首喜欢的歌，制作一个 MTV，参考图片如图 7-44、图 7-45 所示。

图 7-44　MTV 参考图片①　　　　　　　　　图 7-45　MTV 参考图片②

单元 8

组件及其应用

活动 8.1 初步认识组件

组件是带有预定义参数的影片剪辑，通过这些参数，可以个性化地修改组件的外观和行为。使用组件，并对其参数进行简单设置，再编写简单的脚本，就能完成只能由专业人员才能实现的交互动画。

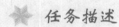

任务描述

制作一个兴趣调查表，可以同时选择多个选项。

学习目标

（1）认识"组件"面板。

（2）学习复选框 CheckBox 组件的使用方法。

【分析与设计】

（1）使用 6 个 CheckBox 组件，完成 6 个选项。

（2）设置 CheckBox 组件的参数。

【操作步骤】

（1）新建一个 Flash 文档，设置动画舞台工作区的宽度为 500 像素，高为 200 像素。

（2）用"文本工具"输入文字"你有什么兴趣？"，并调整文字的属性。

（3）执行"窗口"→"组件" 命令，弹出"组件"面板，如图 8-1 所示。

（4）将 CheckBox 组件拖到场景中，如图 8-2 所示。重复 5 次，此时场景中一共有 6 个 CheckBox 组件，将组件的 label 属性分别设为"上网"、"看漫画"、"打篮球"、"听音乐"、"玩游戏"、"看电视"，如图 8-3 所示。

（5）测试影片，效果如图 8-4 所示，可以看出 CheckBox 组件是复选框。

图 8-1 组件面板

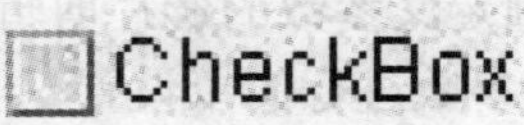

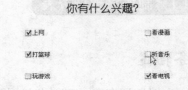

图 8-2 多选按钮

图 8-3 多选按钮的参数

图 8-4 影片测试效果

◇ 总结提升

使用 CheckBox 组件制作多选题是非常方便的,该组件的 label 参数用于设置该组件显示的内容、labelPlacement、参数用于确定复选框上标签文本的位置,selected 参数用于确定复选框的初始状态为选中状态 true 或取消选中状态 false,CheckBox 组件不需要分组,该组件的作用是复选框。

任务 8.1.2 制作一个简单的日历

❋ 任务描述

制作一个简单的日历,并且使用中文显示星期与月份。

◎ 学习目标

(1) 学会使用 DateChooser 组件制作日历。

（2）学会 DateChooser 组件参数的设置。

【分析与设计】

（1）DateChooser 是一个日期组件只要修改相应参数就能实现本任务要求。

（2）将相应参数的英文改成中文就能实现中文显示功能。

【操作步骤】

（1）新建一个 Flash 文档，设置动画舞台工作区的宽度为 250 像素，高为 250 像素。

（2）在"组件"面板中双击 DateChooser 组件，即可将其添加到舞台中，如图 8-5 所示。

（3）修改 dayNames 参数，以中文方式显示星期，修改前如图 8-6 所示，修改后如图 8-7 所示。

（4）修改 monthNames 参数，以中文方式显示月份，修改前如图 8-8 所示，修改后如图 8-9 所示。

（5）设置 firstDayOfWeek 参数为"1"，将星期一设置为一周的第一天，一般默认星期日为第一天。

（6）测试影片，日历效果如图 8-10 所示。

图 8-5 DateChooser 组件

图 8-6 修改前

图 8-7 修改后

图 8-8 修改前

图 8-9 修改后

图 8-10　简单日历

◆ **总结提升**

使用 DateChooser 组件制作日历非常方便，该组件不需要脚本的支持即可使用，在默认情况下，该组件以英文显示，但可以通过设置其参数以中文方式显示。

小　　结

使用组件可以大大提高开发的效率，如制作日历，只要花几分钟设置 DateChooser 组件的参数就可以完成。通过学习两个组件的使用，可以使读者了解组件的基本使用方法。

技能训练

1. 利用 Alert 组件制作提示窗口，提示用户是否将本网站设为首页，在单击按钮后，提示窗消失，如图 8-11 所示。

操作提示：

（1）在"图层 1"第 1 帧加入 Alertr 组件，然后删除，但组件仍保留在库中。

（2）在"图层 1"第 1 帧加入脚本，如图 8-12 所示。

图 8-11　提示窗口

图 8-12　"图层 1"第 1 帧脚本

2. 用 MenuBar 组件件制作下拉菜单，如图 8-13 所示。

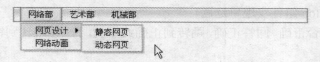

图 8-13 下拉菜单

操作提示：

（1）在"图层 1"第 1 帧加入 MenuBar 组件，实例名称为"MB"。

（2）在"图层 1"第 1 帧加入脚本，如图 8-14 所示。

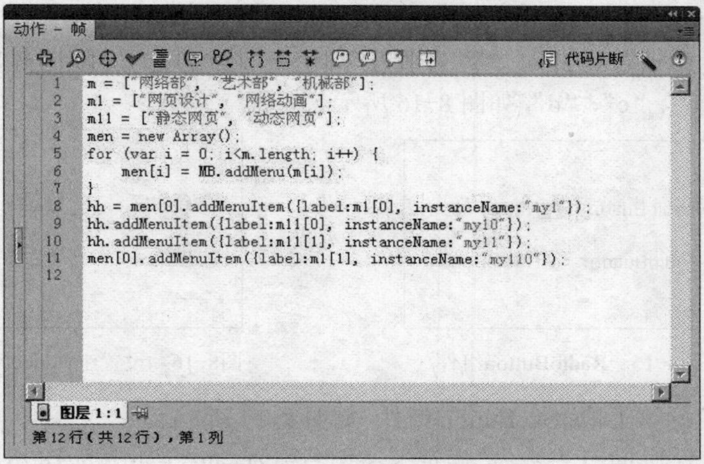

```
1   m = ["网络部", "艺术部", "机械部"];
2   m1 = ["网页设计", "网络动画"];
3   m11 = ["静态网页", "动态网页"];
4   men = new Array();
5   for (var i = 0; i<m.length; i++) {
6       men[i] = MB.addMenu(m[i]);
7   }
8   hh = men[0].addMenuItem({label:m1[0], instanceName:"my1"});
9   hh.addMenuItem({label:m11[0], instanceName:"my10"});
10  hh.addMenuItem({label:m11[1], instanceName:"my11"});
11  men[0].addMenuItem({label:m1[1], instanceName:"my110"});
12
```

图层 1 : 1

第 12 行（共 12 行），第 1 列

图 8-14 第 1 帧脚本

活动 8.2 组件的综合应用

在一个页面中，可以同时存在多种组件，通过多种组件的组合可以制作出内容更丰富、功能更齐全的页面。

任务 8.2.1 制作美食问答单选题效果

❋ **任务描述**

制作一个美食问答的单选题，单击"确定"按钮显示所选答案是否正确。

❀ **学习目标**

（1）学习 RadioButton 组件的使用方法。

（2）学习 Button 组件的使用方法。

【分析与设计】

（1）用 RadioButton 组件实现单选题。

（2）判断回答是否正确，回答正确，跳转到正确的页面，否则，跳转到错误页面。

【操作步骤】

（1）新建一个 Flash 文档，设置动画舞台工作区的宽度为 550 像素，高为 400 像素。

（2）导入背景图片，将图片放入"图层 1"的第 1 帧，在第 3 帧插入关键帧，完成背景层的制作。

（3）新建"图层 2"，在"图层 2"的第 1 帧加入文字"美食问答"，设置字体的大小，输入问题"西红柿没有的营养成分？"。

（4）在"图层 2"的第 1 帧添加 4 个 RadioButton 组件，如图 8-15 所示。

（5）各个组件中设置其 label 参数分别为"维生素"、"糖类"、"胆固醇"、"蛋白质"，实例名称分别为"a"、"b"、"c"、"d"，如图 8-16 所示。

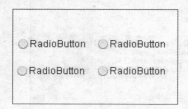
图8-15　RadioButton组件

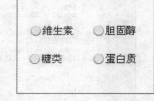
图8-16　设置组件label参数

（6）"图层 2"的第 1 帧添加 Button 组件，如图 8-17 所示。

（7）组件中设置其 label 参数为"确定"，实例名称为"ans"，如图 8-18 所示。

图 8-17　Button 组件

图 8-18　设置组件 label 参数

（8）调整组件的位置，初步测试动画效果，如图 8-19 所示。这时已经可以选择相应的答案，但对"确定"按钮还没有响应。

图 8-19　初步测试效果

（9）为"图层 2"第 1 帧添加脚本如图 8-20 所示。

（10）在"图层 2"第 2 帧插入关键帧，修改文字，添加 Button 组件，组件中设置其 label 参数为"返回"，实例名称为"back"，如图 8-21 所示。

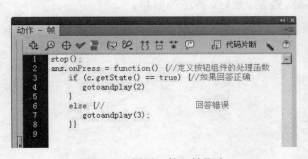

图 8-20　图层 2 第 1 帧脚本　　　　　　　　　　图 8-21　回答正确

（11）为"图层 2"第 2 帧添加脚本，令"返回"按钮生效，如图 8-22 所示。

（12）在"图层 2"第 3 帧插入关键帧，修改为回答错误则显示页面内容，如图 8-23 所示。

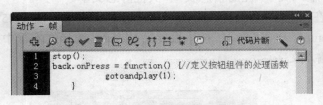

图 8-22　"图层 2"第 2 帧脚本　　　　　　　　　　图 8-23　回答错误

◆ 总结提升

通过制作一个美食问答案例进一步认识和理解组件的使用方法，使用 RadioButton 组件时，一定要注意组名称：如果一个页面中的选择题超过一个，就要用组名称去区分，修改 groupName 参数，修改时保证同一组中的组名称相同，参数 labelPlacement 可以设置该组件的标签位置。

Button 组件的 toggle 参数可以将 Button 组件设置为切换开关，当将参数 toggle 设置为"true"时，组件在按下后保持按下状态，直到再次按下时才返回到弹起状态，成为一个切换开关按钮。

任务 8.2.2　制作注册信息表

❋ 任务描述

制作一个注册信息表,输入包括姓名、年龄、性别、爱好、备注等信息。

◎ 学习目标

(1) 学会 ComboBox 组件的使用。
(2) 学会多个组件的综合应用。
(3) 学会相应的脚本设计。

【分析与设计】

(1) 用"文本工具"输入姓名。
(2) 用 ComboBox 组件输入年龄。
(3) 用 RadioButton 组件选择性别。
(4) 用 CheckBox 组件选择爱好。
(5) 用"文本工具"输入备注。
(6) 用 Button 组件实现确定按钮。

【操作步骤】

(1) 新建一个 Flash 文档,设置动画舞台工作区的宽度为 300 像素,高为 400 像素。
(2) 在"图层 1"第 1 帧用"文本工具"输入文字"注册信息表"和其他静态文字。
(3) 在"图层 1"第 1 帧用文本工具在"姓名"后面绘制一个文本框,如图 8-24、图 8-25 所示设置其属性,其中实例名称为"username",单击"嵌入"按钮设置字体嵌入,选择文本框中可能输入的字体,否则运行时文本框不能输入文字。

图 8-24　设置文本框属性

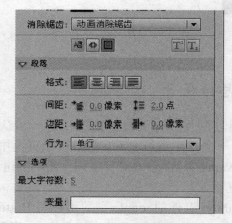

图 8-25　设置文本框属性

（4）在"图层1"第1帧"年龄"后面添加一个 ComboBox 组件，如图 8-26 所示设置其属性，其中实例名称为"age"。

（5）在"图层1"第1帧"性别"后面添加两个 RadioButton 组件，分别如图 8-27 和图 8-28 所示设置其属性，其中两个组件的实例名称分别为"male"和"female"。

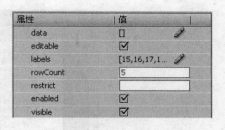

图 8-26 ComboBox 组件属性

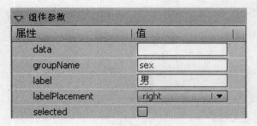

图 8-27 RadioButto 组件属性

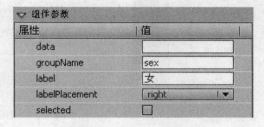

图 8-28 RadioButto 组件属性

（6）在"图层1"第1帧"爱好"后面添加6个 CheckBox 组件，各个组件中设置其 label 参数分别为"计算机"、"阅读"、"看电影"、"炒股"、"打篮球"、"踢足球"，实例名称分别为"computer"、"read"、"film"、"stock"、"basket"、"foot"。

（7）在"图层1"第1帧备注后面用"文本工具"添加一个文本框，在"属性"面板中设置实例名称分别为"userintro"，设置其线条类型为"多行"。

（8）在"图层1"第1帧添加一个 Button 组件，设置实例名称为"but"，设置其 label 参数为"提交"。

（9）右击"图层1"第2帧，在弹出的快捷菜单中选择"转换为关键帧"命令，输入"确认信息"，然后在舞台中创建一个大的文本框，设置其属性，变量名为"txt"，文本框类型为"动态文本，线条类型为多行，如图 8-29 所示。

（10）在"图层1"第2帧添加一个 Button 组件，设置实例名称为"back"，设置其 label 参数为"返回"，如图 8-29 所示。

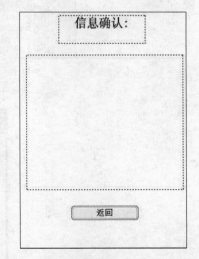

图 8-29 信息确认页面

（11）添加脚本完成注册信息的收集和处理，新建"图层2"，选中第1帧，然后输入如图 8-30 所示脚本。

（12）右击"图层2"第2帧，在弹出的快捷菜单中选择"转换为空白关键帧"命令，然后在"动作"面板中输入如图 8-31 所示脚本。

（13）测试动画，如图 8-32 所示。

```
1  stop()
2  end=function(){if (male.getState() == true) {//定义信息处理函数
3      str1 = "您的性别是:"+male.getLabel()+"\n";
4  } else {if (female.getState() == true){
5      str1 = "您的性别是:"+female.getLabel()+"\n";}
6      else{str1 = "您的性别是: \n";}
7  }
8  if (computer.selected == true) {ch1 = computer.label;} else {ch1 = "";}
9      if (read.selected == true) {ch2 = read.label;} else {ch2 = " ";}
10     if (basket.selected == true) {ch3 = basket.label;} else {ch3 = " ";}
11     if (film.selected == true) {ch4 = film.label;} else {ch4 = " ";}
12     if (stock.selected == true) {ch5 = stock.label;} else {ch5 = " ";}
13     if (foot.selected == true) {ch6 = foot.label;} else {ch6 = " ";}
14     str2 = "您的兴趣有: "+ch1+ch2+ch3+ch4+ch5+ch6+"\n";//组合字符串
15     n = "您的姓名: "+ username.text+"\n";
16     a = "您的年龄: "+age.getValue()+"\n";
17     intr = "您的备注是: "+userintro.text+"\n";
18     txt=n+str1+a+str2+intr
19     }
20 but.onPress = function() {//定义按钮组件的处理函数
21     end()//调用定义函数处理信息
22     play()
23 };
```

图 8-30 "图层 2"第 1 帧脚本

```
1  stop();
2  back.onPress = function() {//定义按钮组件的处理函数
3      play()
4  };
```

图 8-31 "图层 2"第 2 帧脚本

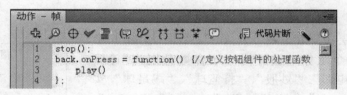

图 8-32 注册信息表

（14）输入完数据提交后，弹出确认页面如图 8-33 所示。

图 8-33 确认信息页面

◆ 总结提升

　　ComboBox 组件是下拉列表组件。修改 ComboBox 组件的 editbale 参数可以设定运行时是否可以输入数据，rowCount 参数可以设定 ComboBox 组件下拉列表中显示的行数；当列表项超过设置的行数时显示滚动条，默认是 5 行。

小　　结

　　使用 Flash 组件可以创建功能强大、效果丰富的程序界面。通过本单元的学习可以掌握组件中选项的含义，学会设置组件的参数，并能够用动作脚本提取组件中的值。Flash CS5 的 Actionscript 2.0 内置的组件有 36 个，由于篇幅所限，本单元只介绍常用的组件，通过学习常用组件，起到举一反三的作用，从而使读者掌握更多组件的使用方法。

◆ 技能训练

　　1. 制作 IQ 大比拼的问答题，如图 8-34 所示，选中正确答案跳转到回答正确页面，如图 8-35 所示，选错答案跳转到错误页面，如图 8-36 所示。

图 8-34 问题

图 8-35 回答正确

图 8-36 回答错误

2. 利用 TextArea 组件和 Button 组件制作一个留言板，如图 8-37 所示，用户输入的标题和留言内容两部分在单击"提交"按钮后，显示在下一个页面中，如图 8-38 所示。

图 8-37　留言板　　　　　　　　　　　图 8-38　确认信息

单元 9

综合应用实例

活动 9.1　制作小动画——机器手动画

Flash 中的动画制作方式分为两种：一种是类似于 Fireworks 中帧动画的制作；另一种就是补间动画。使用帧动画可以制作一些真实的、专业的动画效果。使用补间动画的制作方式则可以轻松创建平滑过渡的动画效果。

Flash 动画由于是高压缩的，所以文件很小，被现在广泛使用。Flash 还可以通过编程来控制动画的播放，使得动画的文件变小，从而更容易控制动画。

活动描述

制作一个简单的 Flash 小动画——机器手动画。

学习目标

（1）通过学习整个 Flash 动画片的制作案例，使学生理解动画制作的基本概念和基本原理。

（2）掌握二维动画的基本制作方法，运用 Flash 软件，设计制作简单的小动画。

【分析与设计】

（1）在舞台尺寸设置时将帧频设置为 24 fps，使整个游戏更加流畅。

（2）绘制组成机器手的各部件图形，并将这些图形制作成图形元件。

（3）在不同图层组合各种图形。

【操作步骤】

1. 绘制机器手部件

（1）在弹出的欢迎对话框中选择"创建新项目"列中的"Flash 文档"选项。新建一个空白的 Flash 文档。

（2）在"属性"面板中单击"大小"右侧的按钮，在弹出的"文档属性"对话框中将舞台尺寸设置为 550×400 像素，将背景色设为灰色（#999999），帧频为 24 fps，如图 9-1 所示。

（3）双击图层名称，将图层名称改为"上横梁"，如图 9-2 所示。

图 9-1 设置文档属性 图 9-2 设置图层名

（4）选择矩形工具 ，笔触颜色为黑色，填充颜色为浅蓝色（#B4DAFE），在场景中绘制一个矩形，笔触高度为 4，大小为 607.0×96.0 像素，位置为（−24.0，−3.0），如图 9-3 所示。

图 9-3 设置矩形工具属性

（5）单击插入图层按钮 ，插入一个新图层，并命名为"下横梁"。如图 9-4 所示。

（6）运用"直线工具"和"矩形工具"绘制如图 9-5 所示形状。笔触颜色为黑色，填充颜色为粉红色（#FEBCDE）。笔触高度为 4。

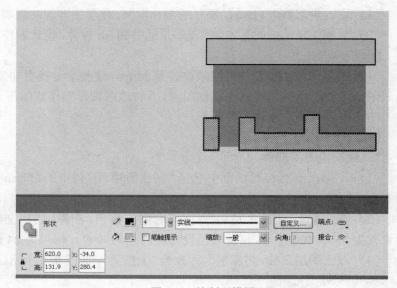

图 9-4 插入新图层 图 9-5 绘制下横梁

（7）新建一个图层，图层名称为"传送带"。利用"直线工具"和"矩形工具"绘制一条传送带，传送带长度要长于场景宽度。如图 9-6 所示。

（8）选择传送带图形，按 F8 键，将其转换为影片剪辑。命名为"传送带"，如图 9-7 所示，单击"确定"按钮，关闭对话框。

图 9-6　绘制传送带　　　　　　　　　　　　　　图 9-7　将传送带转换成元件

（9）新建一个图层，图层名称为"下凹槽"。利用"直线工具"和"矩形工具"绘制一个下凹槽。并调整其大小和位置，如图 9-8、图 9-9 所示。选择下凹槽图形，按 F8 键，将其转换为影片剪辑。命名为"下凹槽"，如图 9-10 所示。单击"确定"按钮，关闭对话框。

 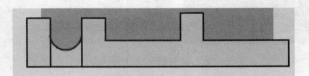

图 9-8　绘制下凹槽　　　　　　　　　图 9-9　组合下凹槽

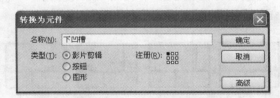

图 9-10　将下凹槽转换成元件

（10）新建一个图层，图层名称为"里横梁"。利用"直线工具"和"矩形工具"绘制一个如图 9-11、图 9-12 所示图形，调整其大小和位置，选择里横梁图形，按 F8 键，将其转换为影片剪辑。命名为"里横梁"。单击"确定"按钮，关闭对话框。新建一个图层，图层名称为"夹子 1"。利用"直线工具"和"矩形工具"绘制一个以下图形，并将其大小和位置调整。绘制里夹子图形，如图 9-13 所示。选择里夹子图形，按 F8 键，将其转换为影片剪辑。命名为"夹子"。单击"确定"按钮，关闭对话框。

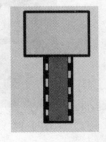 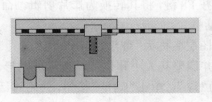 

图 9-11　绘制里横梁 1　　　　　图 9-12　绘制里横梁 2　　　　　图 9-13　绘制里夹子

（11）新建一个图层，图层名称为"夹子2"。将库里面的影片剪辑"夹子"拖到场景中。选择元件"夹子"，执行"修改"→"变形"→"水平翻转"命令。如图9-14所示。调整两个夹子的位置，如图9-15所示。

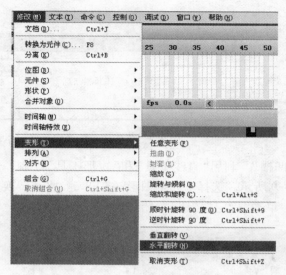

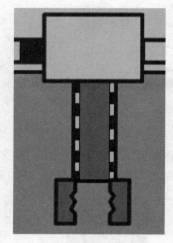

图9-14 变形翻转夹子图形 　　　　图9-15 调整两个夹子位置

（12）新建一个图层，图层名称为"拖板"。利用"直线工具"、"椭圆工具"和"矩形工具"绘制一个如图9-16、图9-17所示图形，调整其大小和位置。

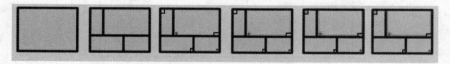

图9-16 绘制拖板

① 运用"矩形工具"绘制一个矩形。
② 运用"直线工具"分割矩形。
③ 运用"椭圆工具"和"直线工具"绘制小原件。
④ 运用"直线工具"绘制出明暗分界线。
⑤ 填充明暗颜色。
⑥ 删除明暗分界线。

（13）选择拖板图形，按F8键，将其转换为影片剪辑。命名为"拖板"。单击"确定"按钮，关闭对话框。

（14）新建一个图层，图层名称为"球"。利用"铅笔工具"、"椭圆工具"绘制如图9-18所示图形，并调整其大小和位置。选择球图形，按F8键，将其转换为影片剪辑，命名为"球"。单击"确定"按钮，关闭对话框。

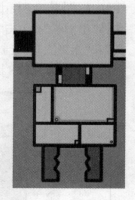

图9-17 组合拖板

图 9-18　绘制滚球

① 运用"椭圆工具"绘制一个圆形。
② 运用"铅笔工具"绘制出明暗分界线。
③ 填充颜色。
④ 删除明暗分界线。

（15）组合图形如图 9-19 所示。

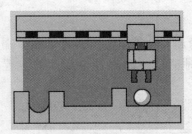

图 9-19　组合图形

（16）新建一个图层，图层名称为"滚轴"。利用"直线工具"、"矩形工具"和"椭圆工具"绘制如图 9-20 所示图形，组合图形并调整其大小和位置，如图 9-21 所示。

图 9-20　绘制滚轴

① 用"椭圆工具"绘制一个圆形。
② 用"矩形工具"绘制一些矩形。
③ 用"选择工具"选择一些多余的线条进行删除。
④ 绘制里面的小滚轴。
⑤ 填充颜色。

（17）选择滚轴图形，按 F8 键，将其转换为影片剪辑。命名为"滚轴"。单击"确定"按钮，关闭对话框。

（18）新建一个图层，图层名称为"转轴"。利用"直线工具"、"铅笔工具"和"椭圆工具"绘制如图 9-22 所示图形，并调整其大小和位置。组合滚轴转轴图形，如

图 9-21　组合滚轴

图 9-23 所示。

图 9-22　绘制转轴

① 运用"椭圆工具"绘制一个圆形。

② 运用"直线工具"绘制中间分隔线。

③ 运用"铅笔工具"绘制出明暗线。

④ 填充颜色。

⑤ 删除明暗分界线。

（19）选择转轴图形，按 F8 键，将其转换为影片剪辑。命名为"转轴"。单击"确定"按钮，关闭对话框。调整各个部件的位置，效果如图 9-24 所示。

（20）按下 Ctrl+S 键，进行保存，命名为"机器手动画"。

图 9-23　组合滚轴转轴

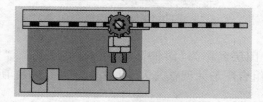

图 9-24　调整各部件位置

2．制作机器手运转动画

（1）点击锁定图标 🔒，将全部图层锁住。

（2）选择全部图层，在第 250 帧处插入帧，使动画延续到 250 帧。如图 9-25 所示。

（3）解锁图层"夹子 1"、"夹子 2"、"拖板"。在图层"夹子 1"、"夹子 2"、"拖板"第 5 帧处按下 F6 键，插入关键帧。

（4）选择这些关键帧的元件，将这些元件往下移动，并调整两个夹子的位置，制作一个夹子一边下落一边张开的动画，"夹子 2"往右移动一点，"夹子 1"往左移动一点，如图 9-26 所示。

（5）选择图层"夹子 1"、"夹子 2"、"拖板"在第 20 帧处按下 F6 键，插入关键帧。选择这些关键帧的元件，将这些元件往下移动，元件"拖板"与球接触，如图 9-27 所示。

图 9-25　全部图层

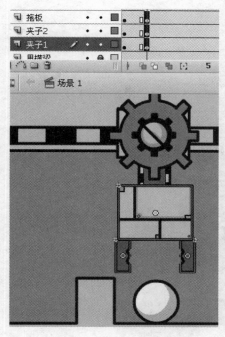

图 9-26　创建夹子动画

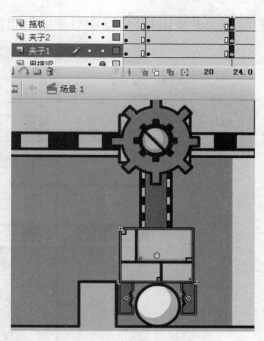

图 9-27　创建拖板与球接触动画

（6）全选图层"夹子 1"、"夹子 2"、"拖板"，在第 1 ～ 19 帧，单击右键，选择创建补间动画。如图 9-28 所示。

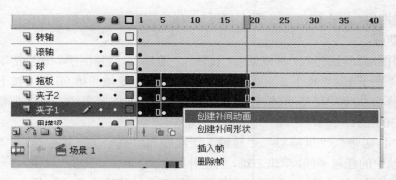

图 9-28　创建夹子动作补间动画

（7）选择图层"夹子 1"、"夹子 2"，在第 25 帧处按下 F6 键，插入关键帧。并调整两个夹子之间的距离，制作夹子夹住球的动画。

（8）选择图层"夹子 1"、"夹子 2"，在第 20 ～ 25 帧中的任何一帧，单击右键，选择创建补间动画。

（9）解锁图层"球"。选择图层"夹子 1"、"夹子 2"、"拖板"、"球"，在第 40 帧和第 60 帧处按下 F6 键，插入关键帧。

（10）选择图层"夹子 1"、"夹子 2"、"拖板"、"球"的第 60 帧，将 4 个图层的元件往上移，制作机器手夹住球往上移动的动画，如图9-29所示。

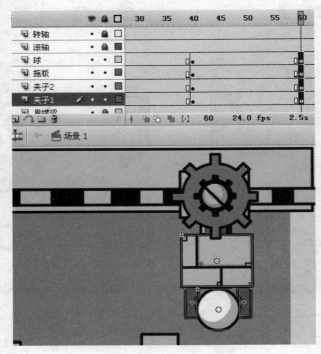

图9-29　制作机器手夹球上移动画

（11）选择图层"夹子1"、"夹子2"、"拖板"、"球"在第40～60帧中的任何一帧，单击右键，选择创建补间动画。

（12）解锁图层"传送带"、"里横梁"、"转轴"、"滚轴"。选择图层"传送带"、"里横梁"、"转轴"、"滚轴"、"夹子1"、"夹子2"、"拖板"、"球"，在第65帧和第90帧处按下F6键，插入关键帧。同时选择第90帧，将第90帧处的元件往左移动，制作一个经过传送带将球传到闸口的动画。如图9-30所示。

选择图层"传送带"、"里横梁"、"转轴"、"滚轴"、"夹子1"、"夹子2"、"拖板"、"球"，在第65～90帧中的任何一帧，单击右键，创建补间动画。

选择图层"夹子1"、"夹子2"，在第100帧和第105帧处按下F6键，插入关键帧。

选择第105帧，将两个夹子往两边移动，制作一个夹子松开的动画。

（13）选择图层"夹子1"、"夹子2"，在第100～105帧中的任何一帧单击右键，创建补间动画。

（14）选择图层"球"，在第103帧和第108帧处按下F6键，插入关键帧。

（15）选择第108帧，将元件"球"往下移动，制作一个夹子松开，球落下的动画。如图9-31所示。

（16）选择图层"夹子1"、"夹子2"，在第120帧和第125帧处按下F6键，插入关键帧。选择第125帧，将两个夹子之间的距离缩小，制作一个夹子收紧的动画。如图9-32所示。

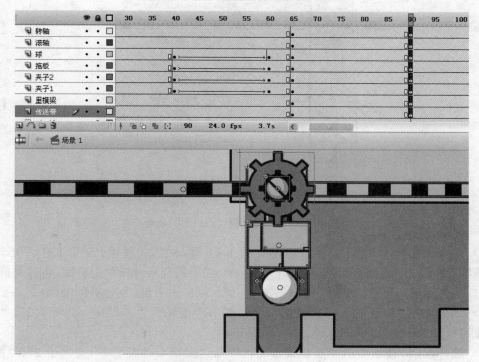

图 9-30 制作经过传送带将球传到闸口动画

图 9-31 制作夹子松开球落下动画

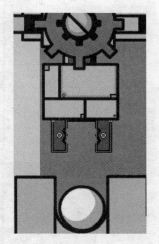

图 9-32 制作夹子收紧动画

（17）解锁图层"下凹槽"，选择图层"下凹槽"，在第 150、155、180 帧处按下 F6 键，插入关键帧。选择图层"球"，在第 150、155 帧处按下 F6 键，插入关键帧。选择图层"下凹槽"和"球"的第 155 帧的元件，往下移动，制作一个球被闸口吞进去的动画。如图 9-33 所示。

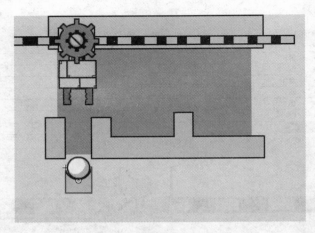

图 9-33 制作球被闸口吞进去的动画

（18）选择图层"下凹槽"，在第 175 帧处按下 F6 键，插入关键帧；在第 150 ～ 155 帧中的任何一帧单击右键，创建补间动画；在第 175 ～ 180 帧中的任何一帧单击右键，创建补间动画。

（19）选择图层"球"第 150 ～ 155 帧中的任何一帧单击右键，创建补间动画。

（20）选择图层"传送带"、"里横梁"、"转轴"、"滚轴"、"夹子 1"、"夹子 2"、"拖板"，在第 155 帧和第 185 帧处按下 F6 键，插入关键帧。

（21）选择图层"传送带"、"里横梁"、"转轴"、"滚轴"、"夹子 1"、"夹子 2"、"拖板"的第 185 帧往右移动，制作一个传送带归位的动画。效果如图 9-34 所示。

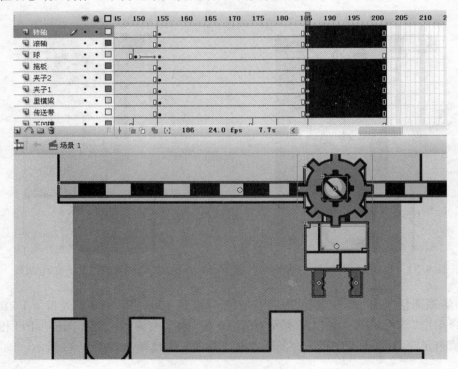

图 9-34 制作传送带归位动画

（22）选择图层"球"，在第 200 帧处按下 F7 键，插入空白关键帧；选择图层"球"的第 1 帧的元件"球'，单击右键"复制"，选择图层"球"的第 200 帧，单击右键"粘贴到当前位置"。

（23）选择图层"球"，在第 220、240 帧按下 F6 键，插入关键帧；选择第 200 帧，将元件"球"移动到画面外，选择第 220 帧，将元件"球"移动到与下横梁相接的位置；在第 200 ～ 239 帧处单击右键，创建补间动画。制作一个球滚进来的动画。如图 9-35、图 9-36 所示。

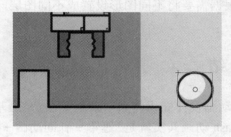

图 9-35　制作一个球滚进来的动画①

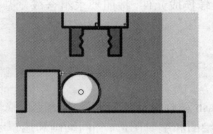

图 9-36　制作一个球滚进来的动画②

（24）选择图层"球"，在第 200 ～ 220 帧中的任何一帧处调出属性面板，将"旋转"设为逆时针，2 次；在第 220 ～ 240 帧中的任何一帧，将"旋转"设为顺时针，1 次，如图 9-37所示。

图 9-37　设置旋转属性

（25）选择图层"转轴"，在第 20 帧处插入关键帧，选择第 1 ～ 20 帧中的任何一帧单击右键，创建补间动画。在属性面板中将"旋转"设为顺时针，1 次；在第 40 帧和第 60 帧处插入关键帧，选择第 40 ～ 60 帧中的任何一帧单击右键，创建补间动画。在属性面板中将"旋转"设为逆时针，1 次。

（26）选择图层"滚轴"的第 65 ～ 90 帧中设置动画补间，在属性面板中，将"旋转"设为顺时针，2 次；在图层"滚轴"的第 155 ～ 185 帧中设置动画补间，在属性面板中，将"旋转"设为逆时针，2 次。如图 9-38 所示。

图 9-38　设置滚轴动画旋转属性

（27）按下 Ctrl+S 键，保存，按下 Ctrl+Enter 键进行测试。

◇ 总结提升

整个动画的图形都需要运用绘图工具绘制，因此需要熟练掌握各种绘图工具。要将绘制好的部件转换成元件，按照要求组合成复杂图形。根据需要将不同图形设置成不同图层，以便制作动画。

小　结

Flash 动画设计的三大基本功能是整个 Flash 动画设计知识体系中最重要、也是最基础的，包括：绘图和编辑图形、补间动画和遮罩动画。Flash 动画其实就是"遮罩＋补间动画＋逐帧动画"与元件（主要是影片剪辑）的混合物，通过这些元素的不同组合，从而可以创建千变万化的效果。

希望读者在本活动的启发下，能在实践中不断探索，举一反三，创造出更优秀的动画作品。

✿ 技能训练

自行设计一个 Flash 迷宫小游戏，让小球沿着设计的迷宫轨道以一定的速度运动至终点；小球的颜色及轨道形状、颜色可自由发挥。

活动 9.2　制作网站专栏广告——房地产横幅宣传动画

网站专栏广告一般都是动画的形式呈现。Banner（横幅广告）是网站体现中心意旨、形象鲜明表达主要情感思想或宣传中心。

✿ 活动描述

制作一个具有动态图片、文字效果的商务性广告动画。

◎ 学习目标

（1）运用补间动画制作基本的动画效果。
（2）运用遮罩动画制作复杂的动画效果。
（3）掌握一些小型辅助动态效果的制作。
【分析与设计】
（1）图片之间的切换要使用元件的 Alpha 透明度属性，配合传统补间动画的技术进行制作。
（2）文字的变化要用到遮罩效果，在遮罩层里运用补间动画改变图形的效果即可达到使文字动态地变化。

【操作步骤】

（1）新建一个 Flash 文档，属性使用 915 px×157 px，背景颜色为绿色，帧频为 20 fps。如图 9-39 所示。

（2）制作"小圆点"飞行影片剪辑。

① 执行"文件"→"导入"→"导入到库"命令，弹出"导入到库"对话框，选取"素材"文件夹中所有文件，单击"打开"按钮，如图 9-40 所示。

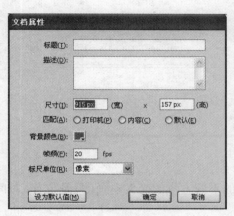

图 9-39　文档属性

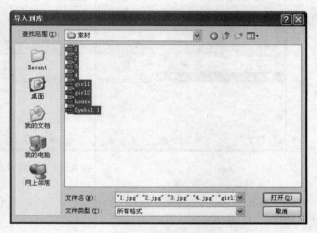

图 9-40　导入到库

② 执行"插入"→"新建元件"命令，弹出"创建新元件"对话框，在"名称"文本框中输入元件的名称"mov"，在"类型"下拉列表框中选择"影片剪辑"，再单击"确定"按钮，"mov"影片剪辑元件创建完成。如图 9-41 所示。

③ 在"mov"影片剪辑工作区制作小球飞行动画。

（a）打开"库"面板，把库中的"Symbol"位图元件拖曳到"图层 1"时间轴的第 1 帧，调整其位置属性为，"X：-219.6"，"Y：-40.6"，如图 9-42 所示。

图 9-41　创建新元件

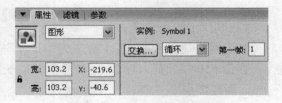

图 9-42　元件属性①

（b）选择"Symbol"位图元件，按 F8 键将其转换为"Symbol 1"图形元件，在"图层 1"时间轴的第 130 帧处按 F6 键插入一个关键帧，将"Symbol 1"图形元件拖动至右边，位置属性为："X：196.3"，"Y：-119.6"，并调整其颜色属性为"Alpha"，透明度为"60%"，如图 9-43 所示。

图 9-43　元件属性②

（c）右键单击第 1 ～ 130 帧中的任意帧，从菜单中选择"创建传统补间"，如图 9-44 所示。

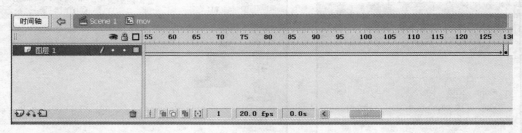

图 9-44　时间轴属性

④ 如上一步方法，同理制作"Symbol 1 "图形元件的不同方位的交叉动画，只是位置、时间轴长度不一样而已。

⑤ 新建图层 4，在第 200 帧处点击右键插入帧，如图 9-45 所示。

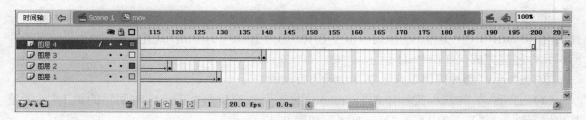

图 9-45　时间轴属性

（3）制作主场景动画。

① 返回主场景，将图层 1 命名为"1jpg"，把素材位图"1.jpg"拖入到第 1 帧，作为影片的背景，再在第 550 帧处插入帧，表示整个影片的长度。

② 新建图层 2 并命名为"house"。

（a）在第 1 帧处拖入素材"house.png"的位图元件，并选中第 1 帧的图片"house.png"，按 F8 键将其转换为图形元件"house1"。

（b）在第 40 帧处插入关键帧，点击第 1 帧，选中 house1 元件，设置其颜色属性为"Alpha"，值为"0%"，完全透明。然后在第 1 ～ 40 帧任意一帧单击右键，从菜单中选择"创建传统补间"，如图 9-46 所示。

③ 制作图片 2 淡入动画。

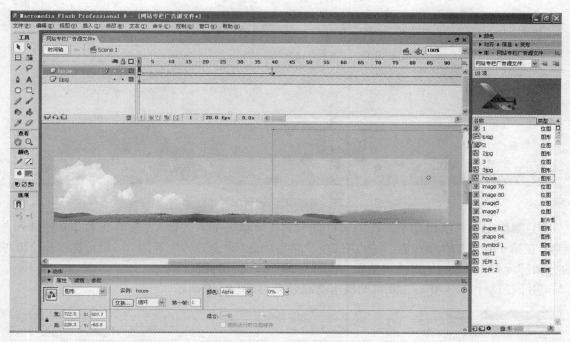

图 9-46　属性状态

（a）新建名为"2jpg"的图层，在第 170 帧处添加关键帧，插入图片 2，并覆盖舞台全部，选中图片，按 F8 键将其转换为图形元件，命名为"2jpg"，如图 9-47 所示。

图 9-47　属性状态

（b）在第 260 帧处插入关键帧，然后在第 170～260 帧任意一帧点右键，从菜单中选择"创建传统补间"。最后选中第 170 帧的 2jpg 元件，将其颜色属性调整为"Alpha"，透明度为"0%"。

④ 制作 house1 图形元件的淡出动画。在第 170 帧点右键添加关键帧，再在第 260 帧处点右键插入关键帧，然后在第 170～260 任意一帧点右键，从菜单中选择"创建传统补间"。最后选中第 260 帧的 house1 元件，将其颜色属性调整为"Alpha"，透明度为"0%"。

⑤ 制作小女孩淡入动画。新建图层"girl1"，在第 40 帧插入关键帧，拖入位图 girl1，按 F8 键将其转换为"girl11"图形元件，再在第 100 帧处插入关键帧，然后在第 40～100 任意一帧点右键，从菜单中选择"创建传统补间"，最后选中第 40 帧的 house1 元件，将其颜色属性调整为"Alpha"，透明度为"0%"。

⑥ 同理新建图层 girl2，制作第 80～140 帧的淡入动画效果。如图 9-48 所示。

图 9-48 时间轴状态

⑦ 制作小女孩淡出动画。在"girl1"图层第 170 帧处插入关键帧,接着在第 220 帧插入关键帧,在第 170 ~ 220 帧任意一帧点右键,从菜单中选择"创建传统补间", 最后选中第 220 帧的"girl1"元件,将其颜色属性调整为"Alpha",透明度为"0%"。

⑧ 同理制作第 170 ~ 220 帧的淡出动画效果,如图 9-49 所示。

图 9-49 时间轴状态

⑨ 制作文字的遮罩动画。新建"test1"图层,并点插入菜单,单击"新建元件"按钮,输入如图 9-50、图 9-51 所示文字。并插入"test1"元件到"test1"图层第 1 帧,位置靠舞台的左边。

图 9-50 创建新元件样式

图 9-51 文字样式

⑩ 在"test1"图层之上新建图层,主要用于制作遮罩动画。

(a) 在新图层上的第 1 帧用画图工具绘制一个小椭圆,如图 9-52 所示。

图 9-52　绘制小椭圆

（b）在 90 帧处插入空白关键帧（注意是空白关键帧），用画图工具绘制一个大椭圆，要覆盖住所有的文字，如图 9-53 所示。

图 9-53　绘制大椭圆

（c）在第 1 ～ 90 帧处任意帧位置点击，设置其属性为形状动画。这样就制作完成一个小椭圆变成一个大椭圆的动画。

⑪ 制作反转遮罩动画。在第 325 帧处插入关键帧，再在第 370 帧处插入关键帧，并选中大椭圆形，缩小成如图 9-52 所示的小椭圆大小，在第 325 ～ 370 帧处任意帧位置点击，设置其属性为形状动画。选择此图层，点击右键并选择"遮罩层"，如图 9-54 所示。

⑫ 同理制作其他图层的文字及反转动画。

⑬ 制作主场景小圆点飞行动画。

（a）新建图层 mov1，在第 90 帧处插入关键帧，拖入 mov 影片剪辑，放置在舞台的左边位置。

（b）同理新建图层 mov2，不同的是要改变时间轴及位置，在第 120 帧处插入关键帧，拖入 mov 影片剪辑，放置在舞台的左边位置，位置可适当靠中间一些，如图 9-55 所示。

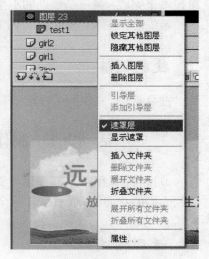

图 9-54　设置遮罩

图 9-55　时间轴状态

◆ 总结提升

对位图图片进行处理，必须将其转换为元件，才可以进行属性的调整。用放射性颜色属性，绘制带有发光效果的小圆点，并且调整颜色的透明度来使得中间发亮光，边上发淡光的效果。

小　　结

Flash 网站广告具有简洁、形象、动态性，更要具有美感，用 Flash 制作的动画是矢量的，缩放任意大小都不会失真；而且 Flash 文件小，传输速度快，播放采用流式技术，更能满足网络传输的需求。所以用 Flash 制作网站专栏广告，可以更好地满足用户的需求。

用 Flash 制作网站专栏广告主要分为三个内容：第一是图片；第二是文字，文字动画使用遮罩技术来完成；第三是辅助的小型动画，如大量的线条、水珠、圆点的变化。

希望读者在本任务的启发下，能在实践中不断探索，举一反三，创造出更优秀的网站专栏广告。

❀ 技能训练

搜寻素材，制作一个以运动鞋为主题的富有动感的网站专栏广告。

活动 9.3　制作网络贺卡——"母亲节快乐"贺卡

节日将至，很多人都在思考着送什么样的礼物。网络贺卡日益兴起，既时尚，又低碳，因此受到人们的欢迎，下面就来体验全新的网络贺卡制作过程。

◉ 活动描述

制作一个具有祝福母亲深意的动态图片、文字效果的音乐贺卡。

🌸 学习目标

（1）运用补间动画配合遮罩技术制作基本的文字、图片变化的动画效果。

（2）掌握运用影片剪辑元件合成包含多个动画效果的短片。

（3）掌握音乐的插入及其属性的设置。

（4）掌握利用简单的编程来控制影片的停止与播放。

【分析与设计】

（1）文字、图片之间的切换要使用元件的 Alpha 透明度属性，配合遮罩和传统补间动画的技术进行制作。

（2）结尾的短片由云彩、摇曳的花朵、文字的闪光、小女孩的缩放等多种动画效果，先制作一个名为"end1"影片剪辑进行打包。

（3）插入音乐只需设置属性，但要注意改变同步属性。

【操作步骤】

（1）新建一个 Flash 文档，属性使用 550 px×400 px，背景颜色为绿色，帧频为"12 fps"，如图 9-56 所示。

（2）制作网络贺卡祝福的片尾影片剪辑。

① 执行"文件"→"导入"→"导入到库"命令，弹出"导入到库"对话框，选取"素材"文件夹中所有文件；同样，导入影片背景音乐，如图 9-57、图 9-58 所示。

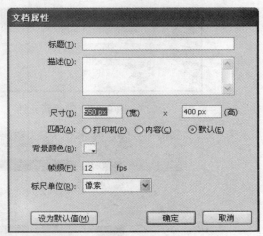

图 9-56　文档属性

图 9-57　导入素材到库

图 9-58　导入影片背景音乐到库

② 执行"插入"→"新建元件"命令，弹出"创建新元件"对话框，在"名称"文本框中输入元件的名称"end1"，在"类型"下拉列表框中选择"影片剪辑"，再单击"确定"按钮，"end1"影片剪辑元件创建完成，如图 9-59 所示。

③ 在"end1"影片剪辑工作区，制作贺卡的祝福片尾动画。

（a）将图层 1 命名为"蓝天"，并用矩形绘图工具画一个如图 9-60 所示的长 550 像素，宽

440 像素的蓝天，颜色类型设置为"线性"，游标左边为白色，右边为天蓝色或者自己喜欢的颜色，例如：#0066FF。

（b）将此矩形按 F8 键转换为图形元件。在第 90 帧处插入帧。效果如图 9-61 所示。

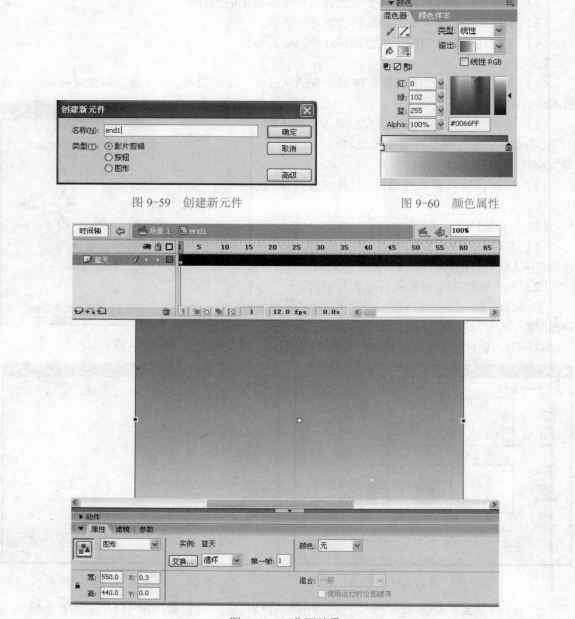

图 9-59　创建新元件　　　　　　　　　　　　　　　图 9-60　颜色属性

图 9-61　工作区效果

④ 新建图层 2，将其命名为"flower0"，拖入位图"2.jpg"于舞台左下角，并将其按 F8 键转换为图形元件 flower0。效果如图 9-62 所示。

⑤ 制作花朵摇晃的动画。

（a）新建图层"flower1"，拖入位图 4.jpg 放于舞台偏中间位置，并将其转换为图形元件"flower1"，点击"任意变形工具"，将其中心点放在低部中间位置，如图 9-63 所示。

（b）在第 35 帧处插入关键帧，用任意变形工具把花的位置往左旋转一定的角度，如图 9-64 所示。

图 9-62　插入图片效果图　　　图 9-63　图片中心点改变　　　图 9-64　图片旋转

（c）在 90 帧处插入关键帧，把花的位置往右旋转一定的角度，最后分别在第 1～34 帧，第 35～89 帧处选择"创建传统补间"。

⑥ 按照同样的方法制作其他花朵的摇晃动画，如图 9-65 所示。

图 9-65　花朵制作效果图

⑦ 制作云朵飘动的动画。

（a）新建图层并命名为"cloud"，在第 1 帧处拖入位图"5.jpg"图片于蓝天的右上角，同样复制出 7 朵白云有顺序地放置舞台的左边，选中这 8 朵云彩按 F8 键转换为"cloud"图形元件。

（b）在 90 帧处插入关键帧，把"cloud"元件往右边拖动，直到最后一朵白云刚好放置于蓝天的靠左边，如图 9-66、图 9-67 所示。

图 9-66　云朵飘动的效果 1

图 9-67　云朵飘动的效果 2

⑧ 制作祝福文字动画。新建图层并命名为"祝福"，在第 1 帧用"文本工具"输入："祝福天下所有的妈妈，母亲节快乐！"，选中这段文字按 F8 键将其转换为"text"图形元件。

⑨ 制作闪光文字遮罩动画。

（a）新建图层命名为"闪光"，用"矩形工具"画一个两边透明中间闪亮的图形，并将其用 F8 键转换为"sg"图形元件，旋转之后放置于文字的斜左上角。颜色属性如图 9-68 所示。

（b）在第 90 帧按右键插入关键帧，将 sg 元件拖动到文字的斜右下角。在中间处点右键"创建传统补间"。

⑩ 新建图层命名为"text"，复制"祝福"图层的文字，再点击回"text"图层，按 Ctrl+Shit+V 键粘贴到当前位置，即使两个文字是重叠的。将"text"图层设置为遮罩层，而"闪光"图层也

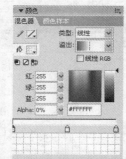

图 9-68　颜色属性

自动成为被遮罩层，如图 9-69 所示。

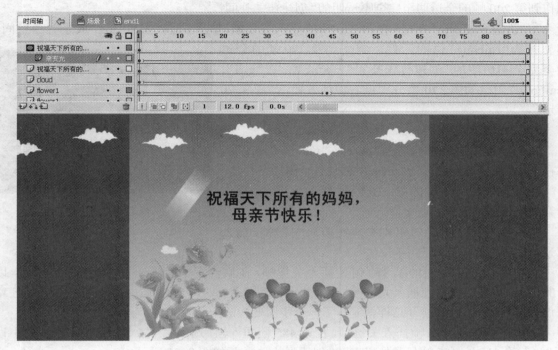

图 9-69　文字图层及效果图

⑪ 制作女孩缩放动画。新建图层并命名为"girl"，将位图"小女孩".jpg 拖入舞台中间靠右边位置，并按 F8 键转换为 girl 图形元件，在第 90 帧插入关键帧，再在第 45 帧插入关键帧，将小女孩的图片用"任意变形工具"放大，最后分别在第 1 ～ 44 帧，第 45 ～ 89 帧任一帧选择"创建传统补间"。

⑫ 至此，片尾动画已经完成。

（3）制作主场景动画。

① 返回主场景，将图层 1 命名为"black"，用"绘图工具"画一个黑色矩形，并将其转换为 black 图形元件。

② 新建图层 2 并将其命名为"text1"，输入白色文字："每个孩子心中都有一个梦"，选中这行文字按 F8 键转换为 text1 图形元件。在第 60 帧处插入关键帧，选中第 1 帧将文字的防属性改为颜色并设置为"Alpha"，透明度设置为"0%"，选择"创建传统补间"。同样在 100 帧处插入关键帧制作其消失动画。

③ 根据第②步方法，新建图层并命名为"text2"，在第 100 ～ 200 帧处制作文字："希望能梦见彩虹"的显现接着消失的动画。

④ 制作天亮、彩虹、小女孩出现动画。

（a）新建"white"图层，在第 200 帧处插入白色矩形并将其转换为 white 图形元件，制作到第 240 帧的全透明至白色的"创建传统补间"。

（b）新建"girl"图层，在第200帧处插入关键帧，拖入"girl"图形元件放置舞台中间，同样制作到第240帧的全透明至完全不透明的"创建传统补间"。

⑤ 新建"caihong"图层，在第220帧处插入关键帧，拖入位图"彩虹.jpg"放于舞台中间，并转换为"caihong"位图元件。制作到第270帧的全透明至完全不透明的"创建传统补间"。延长帧，在"girl"、"caihong"图层的第370帧分别点右键插入帧，如图9-70所示。

⑥ 制作图片切换动画。

（a）新建图层分别命名为"pic2"、"pic1"，"pic1"图层在上，再新建图层命名为"yuan"，总共三个图层。

（b）在"pic1"图层的第310帧处插入关键帧，插入母亲节快乐图片放置舞台中间。

图9-70 效果展示

（c）在"pic2"图层的第415帧处插入关键帧，插入母亲节快乐图片放置舞台中间。

（d）在"yuan"图层的第310帧处插入关键帧，在舞台正中间画一个宽高都在10像素以内的正圆，再在第370帧插入关键帧，将圆放大直到覆盖整个舞台为止，在第310～370帧任意处点右键"创建形状动画"，这样就制作了一个小圆变大圆的动画。

（e）在第415、465帧插入关键帧，在第485帧插入帧，选中第465帧，将圆的宽高大小设为0。在第415～465帧任意处点右键"创建形状动画"，如图9-71所示。

图9-71 效果展示

⑦ 将片尾影片剪辑插入到主场景当中。新建"end"图层，在第 485 帧处插入关键帧，插入 end1 影片剪辑放置舞台中间。

⑧ 插入音乐。新建"music"图层，在第 1 帧处单击，设置属性，将声音选择为"雨的印记 .mp3"，同步为"开始"，"循环"，如图 9-72 所示。

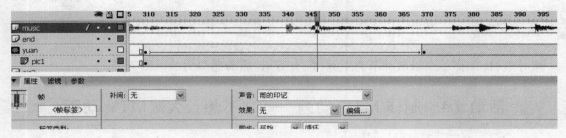

图 9-72　时间轴及属性设置

⑨ 添加停止和重新播放程序。新建"ac"图层，在第 485 帧处单击，展开"动作"面板，输入 "stop();"命令。在舞台右下角输入文字重播，按 F8 键转换为按钮元件，单击此按钮元件，在动作面板输入如下：

```
on (press)
{gotoAndPlay(1);
}
```

◇ 总结提升

贺卡中文字的运用极为重要，要体现文化深意。设置声音的属性时，事件选项最好是安排一个简短的按钮声音或循环背景音乐。

Flash 会强迫动画和流声音保持同步，如果 Flash 获取动画帧的速度不够快，它就会跳过这些帧。如果动画停止，流声音也会立即停止，这与事件声音不同。流声音的播放长度不会超过它所占用的帧的长度。

简单应用编程控制停止和播放。要弄清楚控制的对象，究竟是对时间轴，还是对影片剪辑或按钮。后一种直接单击对象，然后在"动作"面板里输入要编程的函数。

小　结

每到传统节日，或是亲人、朋友们特殊的日子，人们总会选择精美的贺卡，寄去自己衷心的祝福；现在，网络改变了我们的生活，随着 Flash 技术的日益成熟，越来越多的人运用 Flash 技术制作缤纷夺目、风格各异的 Flash 贺卡。网络贺卡具有时尚、炫酷、低碳的属性，加上深情的音乐，给人一种温暖的感觉。

制作网络贺卡最重要的是创意而不是技术，由于贺卡的特殊性，情节非常简单，影片也很简短，一般仅仅只有几秒钟，不像 MTV 与动画短片有一条很完整的故事线，设计者一定要在很短的时间内表达出要表达的内容，并且要给人留下深刻的印象。制作过程中需要注意的地方是文字的运用，可以说文字是整个动画意境的提升，所以重点不在于很多或者很炫的动画，而在于网络贺卡所体现出来的文化深意。

希望读者在本活动的启发下，能在实践中不断探索，举一反三，创造出更优秀的网络贺卡作品。

技能训练

搜寻素材，制作一个以教师节为主题，配有音乐、富有感染力的网络贺卡。

活动 9.4 制作 MTV 动画——《不想长大》MTV 动画

为喜欢的图片配上动听的音乐，继而让珍贵的回忆重新在眼前闪现，使原本只是听觉艺术的歌曲，变为视觉和听觉结合的一种崭新的艺术样式。

活动描述

制作一个兼具图片展示、歌词同步的 MTV 动画。

学习目标

（1）运用补间动画配合遮罩技术制作歌词的同步动画效果。

（2）掌握运用影片剪辑元件合成包含多个动画效果的短片。

（3）掌握音乐的插入及其属性的设置。

（4）掌握通过脚本语言来制作水珠效果。

【分析与设计】

（1）歌词的制作要运用遮罩和补间动画的技术进行制作，它的原理是两个具有同样歌词文字的图层，上面的一层设为遮罩层，新增的一个设为被遮罩层，制作矩形经过文字的动画。

（2）插入的音乐要跟歌词同步起来，最好先听音乐，确定所唱到的歌词总共的长度，再制作歌词文字的动画。

（3）水珠的滴落动画步骤较多，要用到影片剪辑，也要用到编程。

【操作步骤】

（1）新建一个 Flash 文档，属性使用 650 px×550 px，背景颜色为白色，帧频为 30 fps。如图 9-73 所示。

（2）制作 MTV 主要内容动画影片剪辑。

① 执行"文件"→"导入" →"导入到库"命令，弹出"导入到库"对话框，选取"素材"文件夹中所有文件，点击打开，如图 9-74 所示。

图 9-73　文档属性

图 9-74　"导入到库"对话框①

② 把本影片的背景音乐导入进来，如图 9-75 所示。

③ 执行"插入"→"新建元件"命令，弹出"创建新元件"对话框，在"名称"文本框中输入元件的名称"mtv"，在"类型"下拉列表框中选择"影片剪辑"，再单击"确定"按钮，就新建了名为"mtv" 的影片剪辑元件，如图 9-76 所示。

④ 在"mtv"影片剪辑工作区，开始制作主内容的动画片段。将图层 1 命名为"bj"，插入一张背景图片"beijing(4).jpg"，再延长帧至第 290 帧，点右键插入帧。

⑤ 制作光盘的旋转动画。

（a）新建图层封面 1，命名为 fm1，在第 1 帧处插入"fengmian1.jpg"，放置在舞台的左边。

（b）按 Ctrl+F8 键对位图进行打散，然后用"魔术棒工具"删除白色的边，包括中间的圆心点，用 F8 键将其转换为"fm1"图形元件。

图 9-75 "导入到库"对话框②

图 9-76 创建新元件

（c）在第 50 帧插入关键帧，并把 fm1 移动到中间位置，然后"创建传统补间动画"，设置旋转属性为顺时针，1 次，如图 9-77 所示。

（d）在第 90、140 帧插入关键帧，选中 140 帧的光盘，对其进行缩小放置在舞台右上角。

⑥ 制作封面宣传画的出现动画。

（a）新建图层"fm2"，放在"fm1"图层的下面，设"fm1"图层为最顶层。

（b）在第 180 帧插入位图图片"fengmian2.jpg"，并按 F8 键转换成名为"fm2"图形元件，在第 230 帧插入关键帧，将图片移动到舞台到中间位置。

（c）设置第 1 帧的元件的透明属性为 0%，并"创建传统补间动画"，如图 9-78 所示。

图 9-77 光盘动画制作

图 9-78 封面动画制作

⑦ 制作文字的下降动画。新建"text1"图层，在第 230 帧处插入关键帧，运用文本输入工具在舞台右上角的边上输入制作者的名字或其他信息。按 F8 键转换为图形元件，然后在第 260 帧插入关键帧，将文字移动到舞台的下方，并"创建传统补间动画"。

⑧ 运用同样的方法，制作其他文字图层。

⑨ 制作图片的切换动画。

（a）新建图层并改名为"pic1"，在第 291 帧处插入关键帧，插入图片"pic1(1)"，然后在第 400 帧处插入帧。

（b）新建图层并改名为"pic2"，在第 345 帧处插入关键帧，插入图片"pic1(2)"，然后在第 445 帧处插入帧。

（c）新建遮罩图层"yuan"，在第 345 帧处插入关键帧，用画图的圆形工具画一个 10 像素宽高的小圆放在正中间，再在 370 帧处插入关键帧，将圆放大至覆盖整个舞台。在第 345 ～ 370 帧之间"创建形状动画"，并将此图层设为遮罩层。

（d）新建"pic3"图层，在第 400 帧处插入关键帧，插入图片"pic3(3)"，并按 F8 键转换名为"pic3"的图形元件；在第 425 帧处插入关键帧，设置第 400 帧的透明度为 0%，然后"创建传统补间动画"。

⑩ 同理制作更多图层的图片遮罩动画。如图 9-79 所示。

⑪ 新建"music"图层，单击第 1 帧处设置声音属性，声音为"不想长大 .mp3"，同步为数据流，重复为 1 就行了。

⑫ 制作卡拉 OK 歌词。卡拉 OK 歌词的特点是随着节奏和歌唱的进度，歌词会用另外的颜色覆盖显示。

（a）新建图层命名为"lan"，作用是建一个蓝色底纹的矩形，在这个位置显示歌词。

图 9-79　图片切换遮罩

（b）在第 290 帧插入关键帧，用矩形绘图工具画一个大概高为 85 像素以内的矩形，并用 F8 键将其转换为"lan"图形元件，要注意，为了这个矩形能和背景更加融合，一定要将它的 Alpha 透明度降低，比如 60%。

（c）新建歌词图层，命名为"gechi1"，在第 290 帧处插入关键帧，用文本工具输入文字："我不想我不想不想长大，长大后世界就没童话。"调整其大小和颜色属性，比如颜色为绿色。

（d）在 gechi1 图层上面新建一个同样的图层"gechi2"，同样的文字，重叠。

（e）在这两个图层的中间新建一个图层名为"hong"，目的是歌词变化时的覆盖颜色为红色。

（f）在第 313 帧处插入关键帧，在起点处画一个比歌词稍高的小矩形，按 F8 键转换为 hong 图形元件，在第 467 帧处插入关键帧，把这个矩形按住 Shift 键进行拉长，直到歌词的结束位置。然后"创建传统补间动画"，如图 9-80 所示。

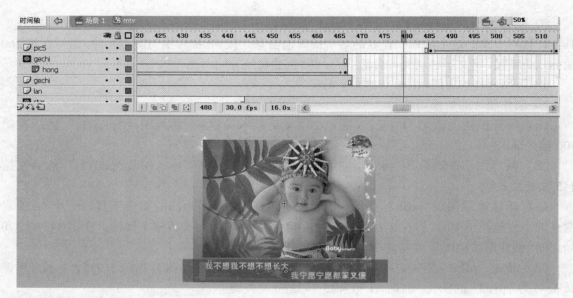

图 9-80　歌词遮罩动画

⑬ 制作其他歌词图层。

⑭ 制作结尾处的停止和重播控制程序。新建"ac"图层，在末尾处插入关键帧，单止此关键帧，打开"动作"属性，输入"stop();"；在舞台右下角用文字输入"重播"，按 F8 键将其转换为按钮元件，单击此按键，在动作属性面板输入：

```
on (press) {
gotoAndPlay(1);
}
```

（3）制作主场景动画。

① 返回主场景，将图层 1 改名为"movied"，在第 1 帧拖入刚做好的"mtv"影片剪辑，在第 3 帧处点右键插入帧进行延长。

② 开始制作复杂的水珠冒泡和滴落动画。

（a）首先需要制作一个水滴滴落的影片剪辑。制作一个水滴导入 Flash，并且制作一个水滴从小变大的补间动画，如图 9-81 所示。

（b）当水滴变大之后再让这个水滴慢慢的滴落到下面。并且在开始滴落的时候让水滴颤抖几下（使用逐帧动画做几个大小变化），如图 9-82 所示。

（c）接下来需要制作一个透明按钮（只要点击区域），这个按钮的功能就是让鼠标放在水滴上的时候让这个水滴滴落，如图 9-83 所示。

（d）再建一个图层，第一帧写上帧标签"start"，然后在水滴变大后加一个 STOP 帧，在STOP 帧之后再插入一个标签为"over"的空白关键帧，如图 9-84 所示。作用：当水滴由小变大之后就停止，这样水滴就会显示在舞台上，当鼠标移动到水滴上面就会播放"over"帧以后的内容，也就是让水滴落下。

图 9-81　制作影片剪辑

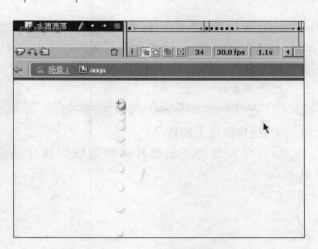

图 9-82　水滴慢慢的滴落

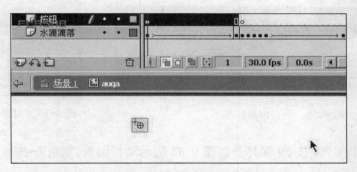

图 9-83　制作透明按钮

③ 编写控制水滴落下的程序。

（a）编写按钮上的程序，当鼠标按下或移动到它上面的时候就执行水滴落下的动画，如图 9-85 所示。

```
on (release, rollOver) {
gotoAndPlay("over");
}
```

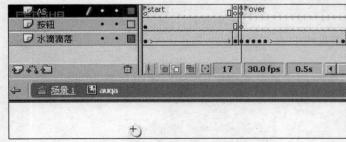

图 9-84　插入空白关键帧

图 9-85　编写按钮程序

（b）编写带有"over"标签的关键帧，它的功能是获取整个动画已经播放了的时间，单位是ms。其中"radomtime"变量会在后面的程序中定义。它的功能是让时间稍微有一些不同，这样水滴就不会同时落下了，如图9-86所示。

程序如下：

```
starttime = getTimer()+8000+radomtime;
```

④ 制作舞台上的程序。

（a）将制作完毕的影片剪辑拖放到舞台当中，并将这个实例命名为"bol"，如图9-87所示。

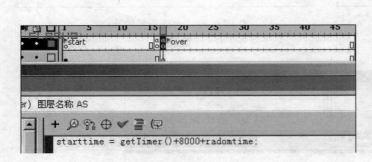

图9-86　编写标签脚本　　　　　　　　　　图9-87　将影片剪辑放在舞台

（b）选中这个实例，按F9键打开如图9-88所示动作面板，进行一些初始变量的设置。程序如下：

```
onClipEvent (load) {
radomtime = random(5);
// 设置一个用来控制时间差距的变量
starttime = getTimer()+8000+radomtime;
// 设置一个获取影片总共播放时间的变量，并且这个变量比影片播放总时间长8秒左右
}
onClipEvent (enterFrame) {
Timercheck = starttime-getTimer();
// 用 starttime 和影片播放的时间之差来控制水滴落下
if (Timercheck<=0) {
this.gotoAndPlay("over");
}
// 如果影片播放的时间比刚才获取到的 starttime 时间要长，那么就让水滴落下
}
```

（c）复制舞台上的实例。新建立一个层用来放复制实例的代码，如图9-89所示。

（d）第1个关键帧的内容是设置复制数量的变量 i 的初始值为 i = 1，如图9-90所示。

```
onClipEvent (load) {
    radomtime = random(5);
    //设置一个用来控制时间差距的变量
    starttime = getTimer()+8000+radomtime;
    //设置一个获取影片总共播放时间的变量，并且这个变量比影片播放总时间长8秒左右。
}
onClipEvent (enterFrame) {
    Timercheck = starttime-getTimer();
    //用starttime和影片播放的时间之差来控制水滴落下
    if (Timercheck<=0) {
        this.gotoAndPlay("over");
    }
    //如果影片播放的时间比刚才获取到的starttime时间要长，那么就让水滴落下。
}
```

图 9-88　编写脚本程序

图 9-89　复制实例代码

图 9-90　设置变量 i

（e）第 2 帧的程序主要是用来进行如图 9-91 所示实例的复制。程序如下：

```
radomscale = (random(4)+2)*26;
// 设置一个变量用来控制复制后对象的比例大小
duplicateMovieClip("bol", "bol"+i, i);
// 复制舞台上 bol 实例，将新复制出的对象命名为 "bol"+i，深度为 i
setProperty("bol"+i, _x, random(400));
setProperty("bol"+i, _y, random(300));
// 设置新复制出来对象的 X、Y 坐标，利用随机函数
setProperty("bol"+i, _xscale, radomscale);
setProperty("bol"+i, _yscale, radomscale);
// 利用刚才设置 radomscale 变量的值来对复制出来对象的比例大小进行控制。X、Y 比例相同
// 这样水滴的外观不至于变形
i++;
```

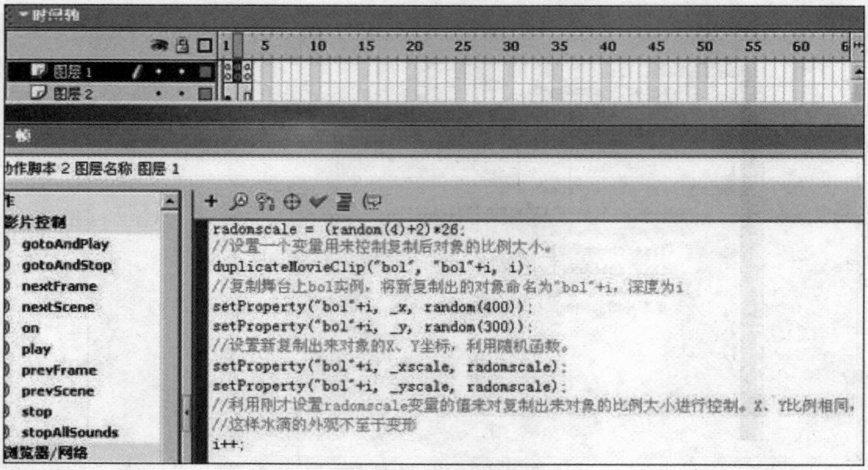

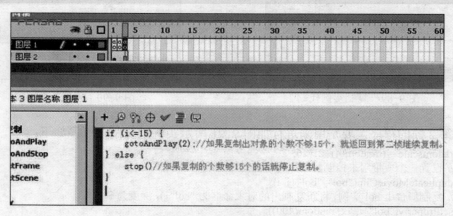

图 9-91　实例复制脚本

（f）第 3 帧的程序是控制如图 9-92 所示复制对象的数量。程序如下：

```
if (i<=15) {
gotoAndPlay(2);// 如果复制出对象的个数不够 15 个，就返回到第 2 帧继续复制
} else {
stop()// 如果复制的个数够 15 个，就停止复制
}
```

图 9-92　控制复制对象脚本

⑤ 最后按 Ctrl+ 回车键进行测试，动画制作完成。

◆ 总结提升

　　制作 MTV 动画时，将 MTV 主要内容动画当做一个影片剪辑来制作，因为这个片段的内容众多，做成一个影片剪辑之后再放到主场景当中，显得文件简洁，清晰。制作歌词的时候要先听和观察歌词的起止位置，这样才能做到更加精确的同步视频。

小　结

　　Flash MTV 是用 Flash 软件和音乐结合做出的动画作品，其最大的特点是它能够把一些矢量图、位图和歌词、文字做成交互性很强的动画，不仅具有视觉和听觉的双重感受，更具有趣味性和创造性，人们以能够制作出备受大家关注的 MTV 作品而感到骄傲和自豪。本活动通过完整的 Flash MTV 实例《不想长大》的制作过程，展示了 Flash MTV 的制作方法和制作技巧。

　　希望读者在本活动的启发下，能在实践中不断探索，举一反三，创造出更优秀的 MTV 作品。

技能训练

　　下载歌曲《相亲相爱》（大合唱），以家庭或班级、宿舍为主题搜集所需素材，制作一个 Flash MTV 动画。

单元 10

Flash 动画的测试、优化、导出与发布

活动 10.1　测试 Flash 动画

在 Flash CS5 中，源文件格式为 fla，如果要在软件中查看作品的最终效果，Flash CS5 软件为我们提供了两种测试影片的环境：一种是影片编辑环境；另一种是影片测试环境。

任务 10.1.1　在影片编辑环境下测试影片"生长的小树"

✳ **任务描述**

在影片编辑环境下，完成"生长的小树"影片的测试。

☾ **学习目标**

（1）了解影片测试的作用。

（2）掌握在影片编辑环境下测试影片的方法。

【分析与设计】

在影片编辑环境中测试影片，方便、直观，但也存在许多弊端，请在操作中认真体会和总结。

【操作步骤】

（1）打开素材中提供的"生长的小树 .fla"文件。

（2）在影片编辑环境下，按 Enter 键，可以对该影片进行简单的测试。

◆ **总结提升**

在影片编辑环境下，按 Enter 键可以对影片进行简单的测试，但要注意以下几点：

（1）影片剪辑不可测试：因为影片剪辑将只有第 1 帧的内容出现在编辑环境中，所以影片剪辑中的动画、声音和动作脚本将不可见。

（2）动作脚本不可测试：编辑环境的动作脚本将不起作用，所以用户将无法实现影片中的交互式效果以及按钮、鼠标或键盘响应事件等。

（3）在影片编辑环境下得到的动画速度比输出或优化后的影片慢。

如果经过简单的设置，按钮元件和简单的帧动作（play、stop、gotoAndPlay 和 gotoAndStop）

在影片编辑环境下也可以进行正常测试。操作方法如下：

测试按钮元件：执行"控制"→"启用简单按钮"命令，此时按钮将做出与最终动画中一样的响应，包括这个按钮所附加的脚本语言，如图 10-1 所示。

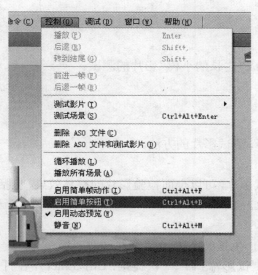

图 10-1　启用简单按钮菜单示意图

测试简单的帧动作（play、stop、gotoAndPlay 和 gotoAndStop）：执行"控制"→"启用简单帧动作"命令，此时帧动作将在影片中起到作用，如图 10-2 所示。

图 10-2　启用简单帧动作菜单示意图

考虑以上因素，在多数情况下，不选择在影片编辑环境下测试影片。

任务 10.1.2　在影片测试环境下测试影片"生长的小树"

✳ **任务描述**

在影片测试环境下，完成"生长的小树"影片的测试。

◎ **学习目标**

掌握在影片测试环境下，测试影片的方法。

【分析与设计】

在影片测试环境中测试影片，可以全面检验影片的整体效果，包括脚本、影片剪辑等在影片编辑环境中无法测试的对象。

【操作步骤】

（1）打开素材中提供的"生长的小树 .fla"文件。

（2）执行"控制"→"测试影片"命令（快捷键：Ctrl+Enter），在打开的新窗口中，可以对当前影片中的所有场景进行测试。测试窗口如图 10-3 所示。

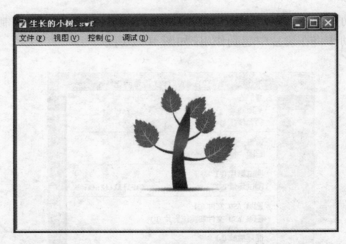

图 10-3　"生长的小树"影片测试窗口

◇ **总结提升**

要测试一个动画的全部内容，执行"控制"→"测试影片"命令（快捷键：Ctrl+Enter），Flash CS5 将自动导出当前影片中的所有场景，然后将文件在新窗口中打开。

要测试一个场景的全部内容，执行"控制"→"测试场景"命令（快捷键：Ctrl+Alt+Enter），

Flash CS5 仅导出当前影片中的当前场景。

在测试窗口中,还可以通过"调试"菜单,显示相关对象及变量的统计信息:

① 执行"调试"→"列出对象"命令,在编辑环境 "输出"面板中,将显示所有对象的完整统计信息,如图 10-4 所示。

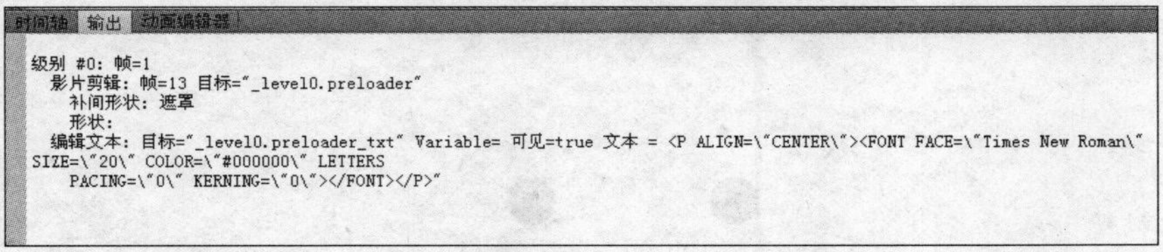

```
时间轴  输出  动画编辑器
级别 #0: 帧=1
    影片剪辑: 帧=13 目标="_level0.preloader"
      补间形状: 遮罩
      形状:
    编辑文本: 目标="_level0.preloader_txt" Variable= 可见=true 文本 = <P ALIGN=\"CENTER\"><FONT FACE=\"Times New Roman\"
SIZE=\"20\" COLOR=\"#000000\" LETTERS
      PACING=\"0\" KERNING=\"0\"></FONT></P>"
```

图 10-4 "列出对象"输出面板示例

② 执行"调试"→"变量列表"命令,在编辑环境"输出"面板中,将显示所有变量的完整统计信息,如图 10-5 所示。

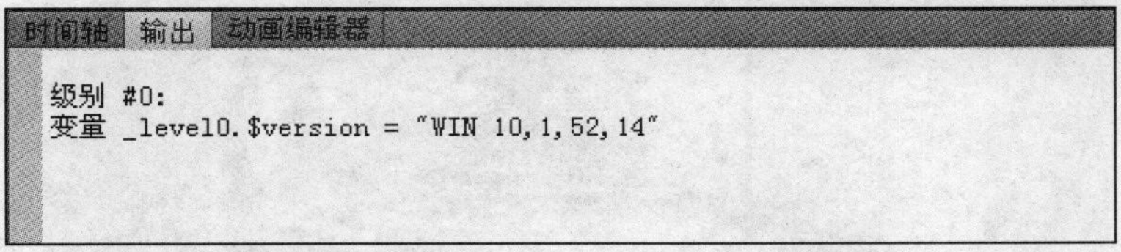

```
时间轴  输出  动画编辑器
级别 #0:
变量 _level0.$version = "WIN 10,1,52,14"
```

图 10-5 "变量列表"输出面板示例

小 结

Flash 作品制作完成后,需要经过测试过程来检查有无错漏,以保证动画能够顺畅的播放。Flash 提供了两种测试影片环境:编辑环境和测试环境。

在影片编辑环境中,按 Enter 键便可以轻松实现对影片的测试,但在默认情况下,对影片剪辑、动作脚本是无法测试的,并且得到的动画速度比输出或优化后的影片慢。

在影片测试环境中,可以全面检验影片的整体效果,包括脚本、影片剪辑等。

读者可根据自己的需要,在实践中选择合适的环境和方法进行影片的测试。

技能训练

1. 打开素材"花的歌谣 .fla",分别在编辑环境和测试环境中,进行影片测试,观察两种环境测试效果的异同,参见图 10-6。

思考:在编辑环境下测试时,如何实现帧动作脚本的正常执行?

2. 打开素材"颐和园卷轴 .fla"文件,参见图 10-7,完成以下操作:

(1) 在影片编辑环境中,进行测试,观察效果。

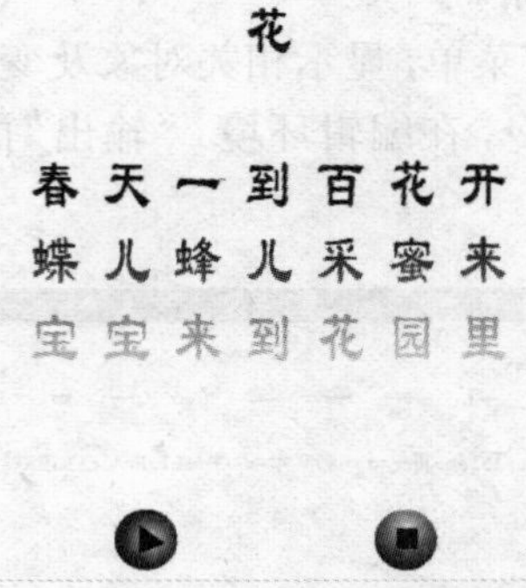

花

春天一到百花开

蝶儿蜂儿采蜜来

宝宝来到花园里

图 10-6 "花的歌谣"完成效果参考

图 10-7 "颐和园卷轴"完成效果参考

（2）在影片测试环境中，进行测试，观察效果。

（3）如何在两种测试环境中得到一致的测试效果？

活动 10.2 优化 Flash 动画

活动描述

观察影片文件"投信 .fla"，完成该影片的优化。

学习目标

（1）了解影片优化的作用。

（2）掌握影片优化的操作思路和实现方法。

【分析与设计】

删除没用的关键帧，即使是空白关键帧也会增加文件的体积；将"投信 .fla"文件多余的关键帧删除，以达到减小文件体积的目的。

【操作步骤】

（1）打开素材中提供的"投信 .fla"文件，观察该文件的"信箱盖子"图层，发现第 10 帧和第 30 帧是无用的关键帧，如图 10-8 所示。

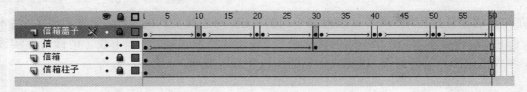

图 10-8　未优化的时间轴状态

（2）选中"信箱盖子"图层的第 10 帧和第 30 帧，将其删除，删除后的时间轴状态如图 10-9 所示。

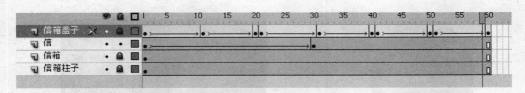

图 10-9　优化过后的时间轴状态

（3）至此，本动画的优化过程已完成，按 Ctrl+Enter 键浏览动画，得到预期的"投信"效果。将优化过后的新文件重新命名为"投信 2.fla"，比较前后两个文件的大小，可以看到，将多余关键帧删除后，文件体积会大大减小，达到了优化的目的，如图 10-10 所示。

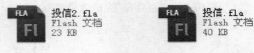

图 10-10　优化前后文件大小对比

◆ 总结提升

如果一部精彩的 Flash 影片，体积庞大，在播放时还会出现多次间断，那么它的效果一定会受到非常大的影响，也是用户无法接受的。在动画影片制作的后期，将影片的各种对象进行处理，以达到播放流畅、减少文件大小等目的，这样的过程就叫做优化影片。在进行影片优化的过程中请掌握以下几个技巧：

（1）在影片中使用两次或两次以上的图形对象一定要转换为元件。

（2）少用或不用自定义的笔触样式。

（3）尽量使用单色填充且最好为网络安全色。

（4）形状状态下，执行"修改"→"形状"→"优化"命令，对其中的曲线进行优化。

（5）尽量使用补间动画而避免使用逐帧动画，注意删除没用的关键帧，即使是空白关键帧也会增加文件的体积。

（6）用铅笔绘制的线条比用刷子绘制的线条要占用更少资源。

（7）声音最好用 MP3 格式。

（8）减少位图的使用，尽量使用矢量图，矢量图的复杂程度越小越好。

小　结

在作品的设计过程中，读者可以根据不同的需求，对影片文件的大小、元素和线条、文本和字体、颜色、动作脚本等，进行不同的优化处理，使影片播放流畅，便于下载。请读者在实践创作中，养成优化影片的好习惯，以提高作品的质量和利用效率。

技能训练

1. 打开素材"百叶窗 .fla"，利用所学优化技巧，完成该影片的优化，参见图 10-11。
2. 打开素材"跳动的小球 .fla"文件，完成该影片的优化，参见图 10-12。

图 10-11　"百叶窗"完成效果参考　　　　图 10-12　"跳动的小球"完成效果参考

活动 10.3　导出 Flash 动画

FLA 文件除了可以导出为 SWF 格式外，还可以导出为很多其他的影片格式、图片格式等。在 Flash CS5 中，可以导出的格式分为三类：导出影片、导出图片和导出所选内容。

任务 10.3.1　将"生长的小树"动画导出为图像文件

任务描述

将"生长的小树"动画导出为 JPG 格式的图像文件。

学习目标

（1）了解 FLA 文件可以导出的图像文件类型。
（2）掌握 FLA 文件导出为 JPG 图像的方法。

【分析与设计】

FLA 可以导出的图像文件格式很多，但无论是哪一种格式，操作方法都类似，在操作时请注意记忆和总结。

【操作步骤】

（1）打开素材中提供的"生长的小树 .fla"文件。

（2）执行"文件"→"导出"→"导出图像"命令，弹出"导出图像"对话框，在"文件名"文本框中输入文件名"生长的小树"，接着在"保存类型"下拉列表框中选择"JPEG 图像"格式，如图 10-13 所示。

（3）选择保存文件的位置，单击"保存"按钮。

（4）在弹出的"导出 JPEG"对话框中，设置好图片的属性，如图 10-14 所示，单击"确定"按钮，即可完成。

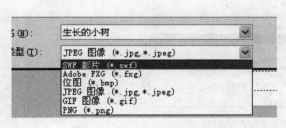

图 10-13　导出文件类型设置

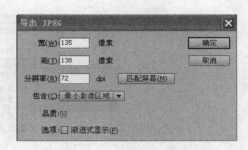

图 10-14　"导出 JPEG"属性设置面板

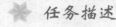 总结提升

在 Flash CS5 中，FLA 文件可以导出为 SWF 影片、Adobe FXG、位图、JPEG 图像、GIF 图像和 PNG 等格式的图像文件，无论是哪一种格式，操作方法可以总结为：执行"文件"→"导出"→"导出图像"命令，弹出"导出图像"对话框，在"文件名"文本框中输入文件的名称，接着在"保存类型"下拉列表框中，选择一个文件格式，单击"保存"按钮，弹出相应的文件格式对话框，在对话框中设置相关属性，设置完毕后单击"确定"按钮进行导出。

以上方法若能够举一反三，那么就可以轻松实现将影片导出为图像的操作了。

任务 10.3.2　将"生长的小树"动画导出为影片文件

★ 任务描述

将"生长的小树"动画导出为 SWF 格式的影片文件。

学习目标

（1）了解 FLA 文件可以导出的影片文件类型。

（2）掌握 FLA 文件导出为 SWF 影片的方法。

【分析与设计】

Flash CS5 所支持导出的影片文件格式非常丰富，操作方法与导出图像很类似。

【操作步骤】

（1）打开素材中提供的"生长的小树 .fla"文件。

（2）执行"文件"→"导出"→"导出影片"命令，弹出"导出影片"对话框，在"文件名"文本框中输入文件名"生长的小树"，接着在"保存类型"的下拉列表中，选择"SWF 影片"格式，如图 10-15 所示。

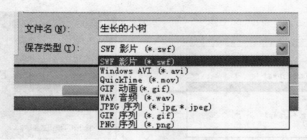

图 10-15 "导出影片"保存类型设置

（3）选择保存文件的位置，单击"保存"按钮，即可完成。

总结提升

"导出影片"操作保存的文件是动态的，导出影片的操作与导出图像类似，Flash CS5 所支持的影片格式有：SWF 影片、Windows AVI、QuickTime、GIF、WAV、JPEG 序列、GIF 序列、PNG 序列等。

小　结

将动画优化并测试完成后，就可以将影片导出为静态的图像文件或是动态的影片文件了。

在 Flash CS5 中支持导出的图片格式有：SWF 影片、Adobe FXG、位图、JPEG 图像、GIF 图像和 PNG 等，影片格式有：SWF 影片、Windows AVI、QuickTime、GIF、WAV、JPEG 序列、GIF 序列、PNG 序列等。

无论是哪一种格式，操作方法都可以总结为：执行"文件"→"导出"→"导出图像" /"导出影片"命令，且一次操作只可以导出一种格式。请读者根据实际需求，举一反三，便可以轻松掌握影片的导出操作。

技能训练

1．打开素材"电闪雷鸣 .fla"，将该作品导出为图片，导出格式为：PNG、JPG 和位图，参见图 10-16。

2．打开素材"电闪雷鸣 .fla"，将该作品导出为影片，导出格式为：avi、wav 和 QuickTime，参见图 10-16。

3．打开素材"快乐的奔跑 .fla"，将该作品导出为 GIF 序列和 GIF 图像，观察两种格式的异同，参见图 10-17。

图 10-16 "电闪雷鸣"完成效果参考

图 10-17 "快乐的奔跑"完成效果参考

活动 10.4 发布 Flash 动画

发布是将整个 Flash 影片保存成多种格式，与导出不同的是，发布往往是针对一个 Flash 影片全部的内容，而导出不仅可以针对整个影片，也可以只针对影片中的一部分帧内容或者某一特定的元素。

任务 10.4.1 发布"生长的小树"动画

任务描述

将"生长的小树 .fla"发布为 SWF 和 HTML 两种格式。

学习目标

1．了解发布与导出的不同。

2．掌握动画发布的方法。

【分析与设计】

1．发布动画应在测试和优化影片完成后进行。

2．发布之前要先进行发布设置。

【操作步骤】

（1）打开素材中提供的"生长的小树 .fla"文件。

（2）进行必要的发布设置，执行"文件"→"发布设置"命令。弹出"发布设置"对话框，在"类型"列表中，勾选需要发布的文件格式。在"文件"文本框中输入文件名，单击文件名后面的"文件夹图标"，进行发布位置的设定，如图 10-18 所示。

（3）选择"Flash"选项卡，进行 SWF 格式属性设置，如图 10-19 所示。

（4）选择"HTML"选项卡，进行 HTML 格式属性设置，如图 10-20 所示。

（5）单击"确定"按钮保留设置，同时关闭"发布设置"对话框。

单击"取消"按钮不保留设置。

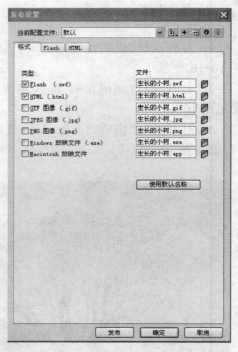

图 10-18 "发布设置"对话框（格式选项卡）

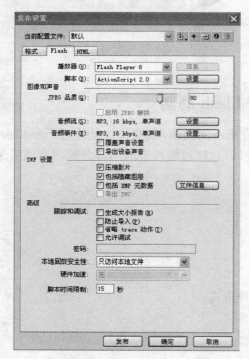

图 10-19 Flash 格式选项卡

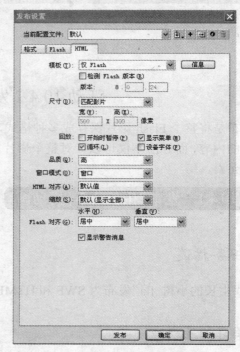

图 10-20 HTML 格式选项卡

单击"发布"按钮，立即实现影片的发布。

◇ 总结提升

如果发布设置已经处理好，那么可以通过执行"文件"→"发布"命令，直接完成动画的发布。请读者自行尝试其他格式的发布操作。

任务 10.4.2　防止导入功能设置

✽ 任务描述

通过设置防导入密码，防止别人导入自己的作品进行反编译。

学习目标

掌握防导入密码的应用方法。

【操作步骤】

执行"文件"→"发布设置"→"Flash 选项卡"命令，勾选"防止导入"复选框并设置密码，如图 10-21 所示。

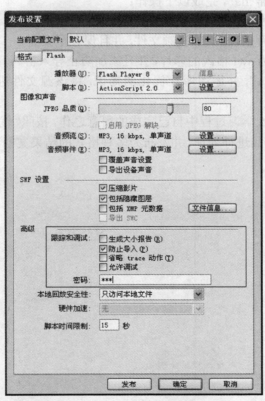

图 10-21　"防止导入"功能及密码设置

◇ 总结提升

发布作品时，如果设置了防止导入功能，那么在导入时必须输入导入密码，才能正确导入。从而起到了保护作品版权，防止别人轻易反编译自己作品的作用。

小　　结

动画作品制作完毕后，首先需要对影片进行优化处理，让其播放流畅，并且尽量减小文件大小。接着，优化后的影片需要测试，在编辑环境或者测试环境中，查找有无错漏。影片测试无误后，就可以进行发布或导出。Flash CS5 可以将影片发布为多种格式，每种格式都可设置不同的文件名和存储位置，彼此独立。发布操作针对影片的全部内容，导出操作不仅可以针对整个影片，还可以只导出影片中的某一部分内容或元素。

❀ 技能训练

1. 打开素材"花的歌谣.fla"，完成以下操作：
（1）将该源文件发布为 exe 格式，并且保存至桌面。
（2）将该源文件导出为 avi 格式的视频文件，并且保存至桌面。
（3）将该源文件发布为 swf 格式的影片，并且添加防止导入密码。
2. 打开素材"投信.fla"，并运用影片优化的知识，将该源文件进行优化后，发布为 SWF 影片。
3. 请找出在 Flash CS5 学习过程中自己完成的得意之作，按照"优化—测试—发布和导出"的影片后期处理思路，对作品进行处理，并发布为多种格式的结果文档，向朋友展示。

短信防伪说明

本图书采用出版物短信防伪系统，用户购书后刮开封底防伪密码涂层，将16位防伪密码发送短信至106695881280，免费查询所购图书真伪，同时您将有机会参加鼓励使用正版图书的抽奖活动，赢取各类奖项，详情请查询中国扫黄打非网（http://www.shdf.gov.cn）。

反盗版短信举报

编辑短信"JB，图书名称，出版社，购买地点"发送至10669588128

短信防伪客服电话

（010）58582300

学习卡账号使用说明

本书所附防伪标兼有学习卡功能，登录"http://sve.hep.com.cn"或"http://sv.hep.com.cn"进入高等教育出版社中职网站，可了解中职教学动态、教材信息等；按如下方法注册后，可进行网上学习及教学资源下载：

（1）在中职网站首页选择相关专业课程教学资源网，点击后进入。

（2）在专业课程教学资源网页面上"我的学习中心"中，使用个人邮箱注册账号，并完成注册验证。

（3）注册成功后，邮箱地址即为登录账号。

学生：登录后点击"学生充值"，用本书封底上的防伪明码和密码进行充值，可在一定时间内获得相应课程学习权限与积分。学生可上网学习、下载资源和提问等。

中职教师：通过收集5个防伪明码和密码，登录后点击"申请教师"→"升级成为中职计算机课程教师"，填写相关信息，升级成为教师会员，可在一定时间内获得授课教案、教学演示文稿、教学素材等相关教学资源。

使用本学习卡账号如有任何问题，请发邮件至："4a_admin_zz@pub.hep.cn"。